环境生态学

李祥余　李奕　主编

延边大学出版社

图书在版编目（CIP）数据

环境生态学 / 李祥余，李奕主编. -- 延吉 ： 延边
大学出版社，2022.10
ISBN 978-7-230-04063-1

Ⅰ. ①环… Ⅱ. ①李… ②李… Ⅲ. ①环境生态学
Ⅳ. ①X1713

中国版本图书馆 CIP 数据核字(2022)第 196103 号

环境生态学

主　　编：李祥余　李　奕
责任编辑：乔双莹
封面设计：金世达
出版发行：延边大学出版社
社　　址：吉林省延吉市公园路 977 号　　　邮　　编：133002
网　　址：http://www.ydcbs.com　　　E-mail：ydcbs@ydcbs.com
电　　话：0433-2732435　　　　　　　传　　真：0433-2732434
印　　刷：天津市天玺印务有限公司
开　　本：787×1092　1/16
印　　张：10
字　　数：200 千字
版　　次：2022 年 10 月 第 1 版
印　　次：2024 年 3 月 第 2 次印刷
书　　号：ISBN 978-7-230-04063-1

定价：58.00 元

前　言

　　环境生态学是运用生态学原理，研究生物与环境之间的相互关系，阐明人类对环境的影响以及如何通过生态途径解决环境问题的一门科学。随着人口的增长、工业的发展，世界上出现了一系列的环境问题，如全球性气候变暖、臭氧层破坏、土地荒漠化、水土流失、生物多样性锐减、环境污染等，这些问题严重威胁着人类当前的生活质量和未来发展前途。于是，积极探索一条人类与自然和谐共荣的可持续发展道路，是人类社会未来发展的必然选择。

　　本书在简明阐述环境生态学有关理论的基础上，以可持续发展战略的有关思想为指导，深入讨论了环境生态科学的有关方法与技术，力求探索一条人与自然和谐共荣的发展之路。全书内容重点突出了生态学与环境保护之间的密切关系。依据生态学原理，在深刻揭示人与自然和谐共荣的必要性的同时，着力探讨了生态系统变化机制、变化规律、修复技术以及生态环境保护实践等问题。本书将理论与实践相结合，既具有较高的学术价值，又具有较强的实用性。

　　环境生态学是一门发展十分活跃的学科，不断有新知识出现，甚至会有新分支学科产生。鉴于本人理论水平和实践积累的局限，书中难免存在疏漏和不足之处，真诚希望有关专家和读者批评指正。

笔者

2022 年 8 月

目　　录

第一章　环境生态学概述

第一节　环境生态学的形成与发展趋势

一、人类社会的发展与环境问题的产生及演变

所谓环境问题，是指人类为了自身生存和发展，在利用和改造自然界的过程中，由于对自然环境造成破坏和污染而产生的危害人类生存的各种负反馈效应。环境问题主要表现在以下两方面：一是生态破坏问题，即由于不合理地开发和利用资源，对自然环境的破坏以及由此所产生的各种生态效应；二是环境污染问题，即由于工农业发展和人类生活而造成的污染。研究表明，对人类生存构成极大威胁的全球性的重大环境问题，都与人类活动有关。

从新石器时代开始，人类社会进入了"刀耕火种"的时代，产生了原始农牧业，开始大面积砍伐森林、开垦土地，摆脱了靠采集、狩猎和迁徙维持生存的局面。随着人口数量的增加，由这种耕作方式引发的生态环境问题开始出现，有些问题至今仍可见到。

18世纪后半叶，人类社会进入了以广泛应用蒸汽机以及由此推动的炼铁业、机器制造业和采矿业迅速发展为标志的第一次产业革命时期，许多国家的生产力得到迅猛发展，随之产生的环境问题主要表现为工业污染。从全球角度来看，由于此时经济发展的不平衡，环境问题仍是局部的或是区域性的，并没有引起大多数人的高度重视。

19世纪30年代以后，随着电动机的产生、电能的利用以及汽车和飞机的相继问世，发生了第二次产业革命，尤其是20世纪两次世界大战的爆发，刺激了工业和科学技术的发展。电力、石油、化工、汽车、造船和飞机制造等工业开始在世界经济中占主导地位，这些产业结构的特点就是生产过程需要消耗大量的矿物质，产品的生产和使用也消

耗大量的能源，这次产业革命使得人类对自然资源的利用和开发达到了空前的程度。从20世纪30年代比利时马斯河谷烟雾事件开始，震惊全世界的"八大公害事件"相继发生。在工业发达的国家里，大气、水体、土壤、农药、噪声以及核辐射等污染，对经济发展和人民生活构成了严重的威胁。

20世纪60年代后，化学工业（尤其是有机化学工业）迅速崛起，合成了大量的化学物质以替代某些天然物质，使现代社会与自然环境之间发生了大规模的物质交换，不仅原有的工业污染范围扩大，而且过去潜在的污染危害与新的污染共同酿成了社会性公害。西方工业发达国家的人民群众发出了"保护环境、防治污染"的强烈呼声，掀起了声势浩大的环境运动。1972年，联合国在瑞典首都斯德哥尔摩召开了有113个国家参加的"联合国人类环境会议"，讨论了保护全球环境的行动计划，通过了《联合国人类环境会议宣言》，并成立了联合国环境规划署。1983年3月，联合国成立了世界环境与发展委员会（WCED），其于1987年向联合国提交了名为《我们共同的未来》的研究报告，以"可持续发展"为基本纲领，把环境与发展这两个紧密相关的问题作为一个整体来讨论，认为资源、环境是人类可持续发展的基础。1992年，"联合国环境与发展大会"的召开及大会通过的《21世纪议程》，确立了可持续发展是当代人类发展的主题，标志着人类对环境和发展的观念升华到了一个崭新阶段。

环境问题的阶段性特点表明，人类社会与自然环境的矛盾是不断变化、不断发展的。人类经过漫长的奋斗历程，在改造自然和发展经济方面取得了巨大的成就。但由于工业化过程中的处置不当，尤其是不合理地开发利用自然资源，造成全球性的环境污染和生态破坏，对人类的生存和发展构成了严重的威胁。日新月异的高新技术，在给人类社会带来进步、繁荣的同时，也会给人类带来一些新的环境问题和隐忧。目前，人类面临的环境问题主要表现为全球性气候变化、水污染、水资源短缺、臭氧层破坏、酸雨污染、地球增温、土地荒漠化和沙漠化的扩大、粮食和能源的短缺、生物多样性锐减等。人类社会面临的环境问题具有全球化、政治化、综合化的特征。

二、环境生态学的定义

环境生态学是生态学和环境科学之间的交叉学科，是生态学的重要应用学科之一。环境生态学是研究在人为干扰下，生态系统内在的变化机理、规律和对人类的反效应，寻求受损生态系统恢复、重建和保护对策的科学，即运用生态学理论，阐明人与环境间的相互作用及寻求解决环境问题的生态途径。因此，环境生态学不同于以研究生物与其生存环境之间关系为主的传统生态学，也不同于只研究污染物在生态系统中的行为规律和危害的污染生态学和研究社会生态系统结构、功能、演化机制以及人的个体和组织与周围自然、社会环境相互作用的社会生态学，它是侧重研究人类干扰条件下的环境污染和生态破坏引起的生态系统自身的变化规律及解决环境问题的生态途径的学科。

三、环境生态学的形成

20世纪中叶，环境问题频频困扰着人类。全球气候变暖、酸雨、臭氧层破坏、土地荒漠化、生物多样性锐减等严重生态危机，使得全球面临环境和生态系统失衡的危险。从无数现实教训中，人类认识到地球的环境是脆弱的，各种资源也不是取之不尽的，当环境被破坏、资源被过度利用后要恢复是很难的。20世纪50年代，美国海洋生物学家蕾切尔·卡逊（R. Carson）在研究美国使用杀虫剂所产生的种种危害后，于1962年出版了《寂静的春天》一书。虽然该书是科普著作，但是蕾切尔·卡逊的科学素养使这本书成功地论述了生机勃勃的春天"寂静"的主要原因，描述了使用农药造成的严重污染，以及污染物在环境中的转化和污染对生态系统的影响；揭示了人类生产活动与春天"寂静"间的内在机制；阐述了人类同大气、海洋、河流、土壤及生物之间的密切关系；批评了"控制自然"这种妄自尊大的思想。这些论述有力地促进了生态系统与现代环境科学的结合。作为环境保护的先行者，蕾切尔·卡逊的思想在世界范围内引发了人类对自身的行为和观念的反思。人们意识到，生态学的原理和方法在人类维护赖以生存的环境和持续利用资源方面起着重要的作用。环境生态学正是在这样的基础上诞生的。

1968年，来自世界各国的几十位科学家、教育家、经济学家相聚于罗马，成立了一个非正式的国际协会——罗马俱乐部。1972年，罗马俱乐部提交了成立后的第一份研究报告——《增长的极限》。该报告深刻阐明了环境的重要性以及资源与人口之间的基本联系，即由于世界人口增长、粮食生产、工业发展、资源消耗和环境污染等因素，所以全球的发展将会因为粮食短缺和环境破坏于21世纪某个时段内达到极限，经济增长将发生不可控制的衰退。因此，要避免因超越地球资源极限而导致世界崩溃的最好方法是限制增长，即"零增长"。尽管《增长的极限》的结论和观点存在一些明显的缺陷，但这份报告以全世界范围为空间尺度，以大量的数据和事实提醒世人：产业革命以来的经济增长模式所倡导的"人类征服自然"，其后果使人处于与自然的尖锐矛盾之中，并不断地受到自然的报复。《增长的极限》对人类发展历程的理性思考，唤起了人类自身的觉醒。其所阐述的"合理的、持久的均衡发展"，为可持续发展的思想的萌芽提供了土壤，为环境生态学的理论体系奠定了基础。

1972年，除了上文所述的联合国人类环境会议的召开，及《联合国人类环境会议宣言》的通过，英国经济学家芭芭拉·沃德（Barbara Ward）和美国微生物学家勒内·杜博斯（Dubos,René Jules）受联合国人类环境会议秘书长莫里斯·斯特朗（Maurice F. Strong）委托，在由152名专家组成的通信顾问委员会的协助下完成了《只有一个地球》一书，该书从整个地球的发展前景出发，从社会、经济和政治等不同角度，论述了经济发展和环境污染对不同国家产生的影响，指出人类所面临的环境问题，呼吁各国重视维护人类赖以生存的地球。该书的出版对环境生态学的发展起到了重要的作用，其学术思想和观点促进了环境生态学理论体系的完善和发展。而美国科学史家林恩·怀特（Lynn Merritt White）的《我们生态危机的历史根源》、美国经济学家肯尼斯·鲍尔丁（Kenneth E. Baulding）的《来自地球宇宙飞船的经济学》等著作从不同的角度和不同的研究领域为环境生态学的形成与发展作出了积极贡献。

20世纪70年代后，研究者们在受干扰和受害生态系统的恢复和重建的理论与实际应用方面做了大量工作。美国生态学家尤金·奥德姆（Eugene Pleasants Odum）编写了《生态学基础》，详细论述了生态系统结构与功能，该书对环境生态学发展有很大影响。他因此于1977年获得了美国生态学最高荣誉——泰勒生态学奖。1975年在美国召开了题为"受害生态系统的恢复"的国际会议，专家们一起讨论了受害生态系统的恢复和重建等许多重要的环境生态学问题。卡林思（J. Carins）等出版了《受害生态系统的恢复过程》一书，广泛探讨了受害生态系统恢复过程中的重要生态学理论的应用问题。1983年美国、法国两国专家召开了有关"干扰与生态系统"的学术讨论会，系统地探讨了人类的干扰对生物圈、自然景观、生态系统、种群和生物个体的生理学特性的影响。1987年，弗雷德曼（B. Freedman）出版了第一本环境生态学教科书，其主要内容包括空气污染、有毒元素、酸化、森林退化、油污染、淡水富营养化和杀虫剂等。该书的出版标志着环境生态学的发展进入了一个新阶段。

第二节　环境生态学的研究内容和研究方法

一、环境生态学的研究内容

环境生态学是一门综合性的交叉学科，其主要任务是指导人与生物圈（即自然、资源与环境）的协调与发展，即研究以人为主体的各种环境系统在人类活动干扰下的演变过程、生态环境变化的效应以及相互作用的规律和机制，寻求受损生态环境恢复和重建的各种措施，以满足人类生存与发展需要。

环境问题既有历史的延续也有新的变化和发展，环境生态学的研究内容和学科任务在不断丰富，依据目前国内外的研究方向和未来发展趋势，环境生态学的研究内容包括以下几个方面。

（一）研究人为干扰对生态系统的影响

随着人类干扰空间的扩大和强度的加剧，人类活动对生态系统的干扰影响已经成为许多学科研究的热点。生态系统受到干扰的方式和强度不同，受到的危害和产生的生态效应也不同。人类干扰对生态系统产生的效应涉及干扰的类型、损害的强度、作用的范围、持续的时间、发生的频率、潜在的突变、诱因的波动等方面。建立判断和评价人为干扰对生态系统产生效应的影响指标体系，对于判定生态系统是否受到人为干扰的损害，确定受损程度，判定受损生态系统的结构和功能变化的共同特征，将负效应的危害性控制到最低程度是必要的。

（二）进行退化生态系统的特征判定

各种干扰的方式和强度不同，对生态系统的危害性和产生的生态效应也不同。如何判定一个生态系统是否受到人为干扰的损害及其程度，受损生态系统的结构和功能变化有何共同特征，目前仍没有一个公认的判断和评价指标体系。受害生态系统特征判定或生态学诊断的标准、方法问题仍将是今后的研究重点之一。

（三）研究人为干扰下的生态演替规律

生态演替规律是受损生态系统恢复与重建的重要理论基础之一。在人为干扰的环境条件下，通过研究人为干扰与生态演替的关系，可以预测各种人为干扰的生态演替的方向和程度。分析生态演替可能会发生的变化、生态演替的模式及机制，预测人为干扰后的生态演替的发生条件、发展方向、影响因素以及人为干扰与生态演替的关系等人为干扰下的生态演替规律，将是未来环境生态学研究的主要内容之一。

（四）进行退化生态系统的恢复与重建

退化生态系统的恢复与重建，是将环境生态学理论应用于生态环境建设的一个重要方面。退化生态系统的恢复与重建常因政策、目的不同而产生不同的结果，如何使退化生态系统在自然及人类的共同作用下尽快地根据人类的需要或愿望得以恢复、改建或重建，这既是个理论问题，也是个实践问题。目前，关于各类受损生态系统恢复与重建的具体原则和方法已有了大量的实践，但由于生态系统的复杂性，生态系统恢复的机理还不清楚，退化生态系统恢复与重建的技术尚不成熟。成功的生态恢复应包括生态保护、生态支持和生态安全三个方面，并要求综合考虑生态因素、经济因素和社会因素。因此，生态恢复和重建技术的研究仍然是环境生态学中最具实践性的研究领域。

（五）进行生态系统服务功能评价

生态系统服务功能的评价研究是 20 世纪 90 年代末兴起的领域。生态系统服务是指生态系统与生态过程所形成及维持的人类生存环境的各种功能与效用，它是生态系统价值真实和全面的体现，也是人类对生态系统整体功能认识的深化。但由于生态系统的复杂性和不确定性，人们对生态系统服务功能的评价方法仍不成熟。正确评价生态系统服务功能，能够反映出生态系统和自然资本的价值，可为一个国家、地区的决策者、计划部门和管理者提供背景资料，也有利于建立环境与经济综合核算新体系和制定合理的自然资源价格体系。因此，生态系统服务功能评价研究是环境生态学研究的基础，更是生态系统受损程度判断和实施恢复的依据。

（六）进行生态系统管理

生态系统管理的概念是在环境生态学的发展过程中逐渐形成和发展的。生态系统的科学管理是合理利用和保护资源、实现可持续发展的有效途径。实现人类社会的可持续发展，重要的措施就是加强对生物圈各类生态系统的管理。在实践中，由于对生态系统功能及其动态变化规律缺乏全面的认识，往往注重的只是短期产出和直接经济效益，而对生态系统的许多公益性价值，如污染空气的净化、减灾防灾、植物授粉和种子传播、气候调节等功能以及维护生态系统长期可持续性的研究还不够重视，对恢复和重建生态系统的科学管理还缺乏经验。因此，进行生态系统管理的研究也是环境生态学的重要任务。

（七）进行生态规划与区域生态环境建设

生态规划是指按照生态学原理，对区域的社会、经济、技术和生态环境进行全面综合规划，以便充分、有效和科学地利用各种资源促进生态系统的良性循环，使社会经济持续稳定发展。生态环境建设可按区域进行，可根据生态规划解决人类当前面临的生态环境问题。在搞好生态环境建设的同时，积极发展生态产业，促进区域经济的发展，建设更适合人类生存和发展的生态环境的合理模式。生态规划是区域生态环境建设的重要基础和实施依据，也是人类解决环境问题的有效途径。环境生态学之所以关注生态规划问题，是因为它可以减少生态破坏，是生态恢复和重建的有效手段，是依据生态学原理实现社会、经济和环境协调发展的途径。

（八）进行生态风险评价

随着人类社会的发展和科学技术的进步，环境问题将给自然和人类带来生态风险。在自然和人为不利条件的作用下，生态环境遭破坏的程度越高，这种潜在的风险变为现实灾难的概率就越大。生态风险评价能够用来预测未来的生态不利影响或评估因过去某种因素而导致生态变化的可能性，为降低生态风险、保障生物安全提供科学依据，其目的是帮助环境管理部门了解和预测外界生态影响因素和生态后果之间的关系，有利于环境决策方案的制订。

（九）进行全球环境问题的综合研究

生态环境是构成人类和其他生物生存发展所需的光、热、气、水、土、营养等的总称。维持生态系统相对平衡的状态，人类和其他生物才能生存和发展。全球生态环境变化已经历了一系列发展变化的阶段，因此，研究发生在生物圈各类生态系统内并受人类活动影响的相互作用过程及其生态效应，科学地预测全球环境和生态过程的重大变化，将成为今后研究的发展趋势之一。

二、环境生态学的研究方法

环境生态学的研究方法主要包括调查统计、史料分析、科学实验、系统分析四类。

（一）调查统计

调查统计是环境生态学研究的主要方法之一。它可以从宏观上研究环境污染物和人为干扰对各种生物或生态系统产生影响的基本规律。其方案主要是通过对指示生物、生物群落和生态系统的现场调查和试验以及对生物指数、污染指数和生物多样性指数等参数的分析，得出相应结论。

（二）史料分析

某些环境问题会涉及历史变迁，需要从历史资料分析中得到启示。例如，自然灾害的发展及其变化趋势、区域生态环境变迁及其影响因素等，都需要查阅大量的历史资料，从而更好地监测、预测环境问题，这通常多见于较大时间尺度的环境变化研究。

（三）科学实验

环境问题的解决需要先进行科学实验研究，再提出相应的生态措施。环境生态学通过各种实验方法，探索生物的个体、细胞和分子与环境之间关系的内在规律和机制，从微观上研究污染物和人为干扰对生物产生的毒害作用及其机理。

（四）系统分析

生态系统是一个有机整体，各要素、各子系统组成之间相互联系，必须从整体出发来研究生态系统的行为和特点，帮助研究人员找到解决复杂问题的思路，从而预测人类活动对生态系统可能造成的影响或危害。目前，应用比较广泛的系统分析模型有微分方程模型、矩阵模型、突变量模型及对策论模型等。

第三节　环境生态学与相关学科的关系

一、与生态学的关系

生态学是 20 世纪 60 年代发展起来的生物学的分科，研究以种群、群落和生态系统为中心的宏观生物学，重点在于生态系统和生物圈中各组成成分之间，尤其是生物与环境、生物与生物之间的相互作用。生态学的发展史大致可概括为三个阶段：生态学建立前期、生态学成长期和现代生态学发展期。1866 年，德国动物学家恩斯特·海克尔（Ernst Haeckel）首次提出了生态学定义，生态学的发展史证明了它密切结合人类实践，是在实践活动的基础上发展起来的。环境生态学是生态学学科体系的组成部分，是依据生态学理论和方法研究环境问题而产生的新兴分支学科。环境生态学偏重研究人类活动影响下的生物与人为干扰的环境条件之间的关系，如人类与环境的关系，人为干扰下的生态系统内在的变化原理、规律，以及寻求受损生态系统恢复、重建和保护对策等，以避免环境对人类生活造成的不利影响，使生态系统向着有利于人类的方向发展变化。环境生态学与生态学的发展是密不可分的，生态学是环境生态学的理论基础。

二、与环境科学的关系

环境科学是 20 世纪 50 年代后由于环境问题的出现而诞生和发展的学科，是一门融自然科学、社会科学和技术科学于一体的交叉学科，并有许多分支学科，如环境生态学、环境监测与评价、环境工程、环境治理与修复、环境化学、环境生物学、环境地学、环境经济学、环境物理学以及环境规划与管理等。同时，在研究环境质量、保护自然环境和改善受损环境的过程中，环境科学都是以生态学为基础理论，以生态平衡为原则和目标的。因此，环境生态学是环境科学的分支学科之一。

环境生态学不但关注生态系统自身发生、演化和发展的动态变化以及受干扰后生态系统的治理与修复，而且致力于自然－社会－经济复合生态系统的规划、管理与调控研究。在环境科学体系中，环境生态学和环境监测与评价、环境工程、环境治理与修复、环境规划与管理的关系尤为密切。环境化学、环境生物学和环境物理学是环境生态学中关于人为干扰效应及机制分析的基础和科学依据；而生态监测能反映监测结果的长期性和系统性，弥补物理和化学监测的不足，提高环境监测的效果；环境生态学还可为环境工程、环境治理与修复和环境规划与管理提供理论依据，提高污染治理的生态效果，提高环境决策的科学性，提高环境保护的效益。

三、与恢复生态学的关系

恢复生态学是 20 世纪 80 年代迅速发展起来的现代应用生态学的一个分支，是一门研究生态系统退化的原因、退化生态系统恢复与重建的技术和方法及其生态学过程和机理的学科。恢复生态学主要致力于在自然灾害和人类活动压力下受到破坏的自然生态系统的恢复与重建，给出最终检验生态学理论的判决性试验。它所应用的是生态学的基本原理，尤其是生态系统演替理论。生态恢复的关键是系统功能的恢复和合理结构的构建，在加强生态系统建设和优化管理以及生物多样性的保护方面具有重要的理论和实践意义。

恢复生态学的研究内容与环境生态学的研究内容有交叉，但又不是完全的学科重复，主要表现在三个方面：

一是在学科的性质上，恢复生态学更侧重恢复与重建技术的研究，属于技术科学的范畴，而环境生态学则更侧重基本理论的探讨，属于基础学科。

二是在学科的研究内容上，对于受损生态系统恢复这一领域，环境生态学注重研究受损后生态系统变化过程的机制和产生的生态效应，关注的是"逆向演替"的动态规律，恢复生态学则注重研究生态恢复的可能性与方法，更关注恢复与重建后生态系统"正向演替"的动态变化以及加快这种演替的各种措施。

三是在研究方法上，恢复生态学十分关注生态工程学的理论及其技术的发展，环境生态学注重生态监测与评价以及有关生态模拟研究方法和技术的发展。

总之，环境生态学与恢复生态学的关系是非常密切的。

四、与生态经济学的关系

生态经济学是生态学和经济学相互交叉、渗透、有机结合形成的新兴边缘学科，也是一门跨自然科学和社会科学的交叉学科。生态经济学产生于 20 世纪 60 年代末，是研究生态经济系统运行机制和系统各要素间相互作用规律的科学，得到了世界各国政府、社会团体、学术界和企业界的高度重视。由于近年来生态学家与经济学家的积极合作，生态经济学发展迅速。生态经济学根据生物物理学的理论，依据物理学中的能量学定律，采用"能值"作为基准，把不同种类、不可比较的能量转换成同一标准的能值进行分析，在研究方法上实现了生态系统各种服务功能价值评价中无法统一比较标准的突破，这一点对环境生态学的研究是十分重要的。

从生态经济学的发展过程中可以看出它与环境生态学之间存在的渊源关系。环境生态学的主要研究内容是人为干扰下受损生态系统的内在变化规律、变化机制和产生的生态效应，所以它首先需要界定生态系统受到损害的程度，评价其功能和结构的变化。从本质上看这属于生态资源的评价问题，是生态系统各种服务功能的维护与管理问题，这也是生态经济学研究的主要范畴。因此，生态经济学与环境生态学的关系也是很密切的。

五、与环境经济学的关系

在中国，环境经济学的研究工作是从 1978 年制定《环境经济学和环境保护技术经济八年发展规划（1978—1985 年）》时开始的。1980 年，中国环境管理、经济与法学学会的成立，推动了环境经济学的研究工作。环境经济学主要研究环境与经济的相互作用关系、环境资源价值评估及其作用、管理环境的经济手段、环境保护与可持续发展和国际环境问题等内容。环境经济学是一门经济科学，将其作为环境资源价值评估和环境管理的经济手段，对环境生态学所要研究的受损生态系统的判断、生态恢复等具有很强的互补性。

六、与污染生态学的关系

污染生态学是以生态系统理论为基础，用生物学、化学、数学分析等方法在污染条件下研究生物系统与被污染的环境系统之间的相互作用规律及对污染环境进行控制和修复的生物与环境之间相互关系规律的科学，包括环境污染的生态效应、环境污染的生物净化、环境质量的生物监测和生物评价等内容。对生物受污染后的生活状态、受害程度、污染物在生态系统中的转移及富集和降解规律等内容的研究，可为环境生态学分析受污染生态系统的变化过程和机制提供科学的依据。可以说，污染生态学的研究是环境生态学研究的出发点和立足点，能够为环境生态学提供丰富的素材以促进其发展，同时环境生态学的效应机制研究亦可丰富污染生态学的理论基础，两者关系密不可分。

总之，随着现代科学的发展，各学科之间都有着直接或间接的联系，新兴的综合性交叉学科更是如此。现代科学的各学科之间已构成了一张"科学之网"，每个学科的不断发展，推动着科学技术整体水平的不断进步。

第二章　生物与环境

第一节　生命的起源与地球环境的演变

一、生命的起源与进化

生命是地球区别于浩瀚宇宙中其他星球的最本质特征。地球形成于约 46 亿年前，是宇宙中目前已知唯一拥有生命的星球。生命起源是地球乃至宇宙中最重要的过程。研究表明，地球生命可能起源于距今 36 亿～39 亿年之间。在生命的起源及早期演化过程中，地球环境演变扮演了重要角色。

地球生命的起源历来存在生命源于宇宙和源于地球本身两种假说。现代地质学研究则更多地支持生命源于地球本身的化学演化的说法。生命的化学演化实验（又叫米勒实验，见图 2-1）模拟研究显示，通过非生物的有机合成产生构成生命的重要分子是可能的，同时也表明在适当条件下，由氨基酸、核苷酸聚合成蛋白质与核酸这类生物大分子也是可能的。这些生命化学演化需要特定的地质条件（如固态岩石圈）、适宜温度、适当的化学成分（如含碳、氮化合物）和特定的物理条件（如还原性大气圈和偏碱性海水），在这些适当的条件下，就可能自发地产生最简单的生命。

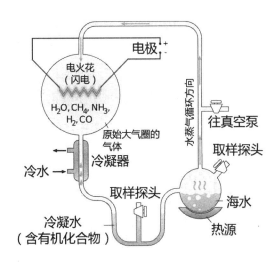

图 2-1 米勒实验

水是生命产生的必需条件。早期地球表层水的形成与幔源岩浆分层和脱气过程相关，地幔较浅深度的岩浆充分脱气，可形成化学形态的水。一般认为，海洋至少在 39 亿年前就已经存在。

早期大气演化可能经历了三个阶段：①初始大气捕获于太阳星云，以 H_2 和 He 为主。②在地球形成的早期，大量陨石撞击使地球物质中的挥发组分释放，形成了以水蒸气、CO_2 为主，含有 N_2、H_2S、CO、CH_4 和 H_2 等成分的还原性大气圈。③在微生物出现之后（距今 35 亿年前至 32 亿年前），才逐渐形成类似今天的含氧大气圈。在原始大气演化中，CH_4 和 CO 的出现对生命的化学演化非常重要：前者是复杂有机分子形成的基础，后者有利于生化碳循环和有机分子化学演化。

黏土矿物和金属硫化物作为催化剂，对生命的化学演化至关重要。它们在较高温度下可以催化有机化合物的合成，是生命热起源理论的基础。

氮、磷元素由无机态向有机态的转化是生命起源的重要条件。在水热系统中，进入生命体的水溶性氮可能源于火山含氮气体和大气氮。

早期地球的海洋－大气系统为还原态，海水富含铁，大气富含 CO_2。由于缺乏臭氧层保护，地球表层受强烈紫外线辐射；火山活动强烈，受天体撞击的频率很高。故研究者普遍认为此时地球上适合生命发展的环境非常有限，其生态特征与现代有很大差别。

自早期地球生物圈形成以来，生命的演化始终与环境密切相关，表现出明显的协同进化关系。一方面，环境对生命的起源和演化具有显著的控制作用；另一方面，生物体也通过自身的生命活动和生物化学过程影响并改造周边的环境。地球史上的两次大气圈氧化过程和元古宙中期海洋整体化学条件转变就是生物影响、改造地球表层环境的典型例证。同样，大气－海洋系统氧化和海洋化学条件变化，促发真核生物崛起和后生动物快速多样化进程，这又是环境控制生命发展的突出表现。因此，从地球与生命的长期演化过程来看，生命与环境是双向的协同进化关系。

二、地球环境的演变

大气圈氧化对早期地球表层系统和生物圈演化影响巨大，而大气氧化主要是产氧光合作用及其产生的自由氧与还原物质（包括气体和固体物质）相互作用并平衡的结果（如图 2-2 所示）。

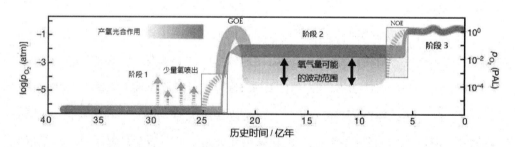

图 2-2　地球大气圈氧含量在地质时间上的演化

（注：GOE 为大氧化事件，NOE 为第二次成氧事件，p_{O_2} 为氧分压，PAL 为现代大气水平）

伴随着大气圈氧化，海洋化学最显著的变化是由太古宙缺氧－富铁海水向元古宙贫铁－富硫海水的转换。

大氧化事件（GOE）标志着地球史上表层环境最重大变化的开始，从此地球进入海洋化学条件的整体转化和生命演化的新阶段。地圈为早期生物圈提供了化学合成的基本成分和生态灶，而生物圈为地圈提供了氧。氧气积累不仅改变了地球表层的风化作用、营养循环，以及化学元素活性，而且提供了生命演化沿着新的路径发展的重要驱动力。

水和氮、氢、磷、碳等元素是有机分子形成的必备条件，黏土矿物和金属硫化物是促进生命合成的催化剂，而有热液活动参与的碱性海洋环境则是有利于生命发生的孵化场。自约 35 亿年前原核生物演化之后，生物圈作为地球系统的重要组成部分，与大气、海洋相互作用，加速了地球表层系统的演变。在这个长期过程中，生命与环境始终表现出协同进化的关系。大气圈氧化是地球史上最重大的地质事件之一，它不仅改变了地表环境，加速了表层地质作用过程，而且改变了大气－海洋化学条件和元素循环。大气圈氧化的根本原因在于产氧蓝细菌的演化与发展，元古宙中期海洋由缺氧富铁、贫硫酸盐向氧化分层、贫铁富硫状态的整体转换也与微生物密切相关。而这些环境变化又反过来进一步促进了生命演化及其主导生物－化学过程的转变。

第二节　生物与环境的关系

一、环境的概念及类型

（一）环境的概念

环境是指某一特定生物体或生物群体以外的空间，以及直接或间接影响该生物体或生物群体生存的一切事物的总和。环境总是针对某一特定主体或中心而言的，离开了这个主体或中心也就无所谓环境，因此环境只有相对的意义，不同的主体有不同的环境范畴。在生物科学中，环境一般以生物为主体，是指生物的栖息地，以及直接或间接影响生物生存和发展的各种因素。在环境科学中，人类是主体，环境通常是指围绕人群的空间和作用于人类这一对象的所有外界影响与力量的总和。《中华人民共和国环境保护法》给环境所下的定义是："本法所称环境，是指影响人类生存和发展的各种天然的和经过人工改造的自然因素的总体，包括大气、水、海洋、土地、矿藏、森林、草原、湿地、野生生物、自然遗迹、人文遗迹、自然保护区、风景名胜区、城市和乡村等。"这是一种把应当保护的要素或对象界定为环境的定义，其目的是从实际工作的需要出发，对"环境"一词的法律适用对象或适用范围做出规定，以利于法律的准确实施。

环境是一个非常庞大而复杂的体系，目前还没有形成统一的分类方法。按照范围，环境分为特定的空间环境（如航空、航天的密封舱环境等）、车间环境（劳动环境）、生活区环境（如居室环境、院落环境、小区环境等）、城市环境、农村环境、全球环境等。按照性质，环境分为自然环境、半自然环境（被人类破坏后的自然环境）和社会环境三大类。其中，自然环境是人类生产和生活所必需的、未经人类改造过的自然资源和自然条件的总和，按组成要素，自然环境再分为大气环境（如阳光、空气、温度等）、水环境（如海洋、湖泊等）、土壤环境、地质环境（如地壳、岩石、矿藏等）、生物环境（如森林、草原、微生物等）等。在人类社会长期发展过程中，为了不断提高人类的物质和文化生活水平而创造出来的社会环境可分为聚落环境、工农业生产环境、交通环境、旅游环境、文化环境等。

（二）环境的类型

所谓分类，是指按相关特征、指标等划分事物的类别，因此，分类所依据的特征、指标等的多少、详略决定了分类体系的繁简、精粗。就环境而言，目前一般是根据研究或工作的目的、综合条件等，通过单独或同时界定主体、范围、要素和功能（包括人类对环境的利用）等对环境进行定义，进而建立较为复杂的环境分类体系。

1.按主体分类

按照主体的不同，环境可以分为如下两类：

（1）以人或人类为主体

即环境就是指人类的环境，其构成包括自然因素和社会因素，而自然因素包括非生命物质和除人类以外的生命。在环境科学中，多数人采用这种分类法。

（2）以生命体（界）为主体

即环境就是指生命体（界）的环境，其构成仅包括非生命的自然因素，而社会因素随同人或人类成为主体。在生态学中，往往采用这种分类法。

2.按范围大小分类

根据环境范围大小进行分类是比较简单的分类方法。在明确环境主体的前提下，环境通常可划分为宇宙环境、地球环境、区域环境、生活环境、小环境、内环境等，详述如下：

（1）宇宙环境

宇宙环境又称星际环境，指地球大气圈以外的广阔空间和存在于其中的天体及物质等，其主体是被大气圈包裹着的地球。宇宙环境对地球产生并将继续产生深刻的影响。其中，太阳是地球的主要光源和能源，维持着地球生物圈的运转。人类活动越来越多地延伸到大气层以外的空间（如发射人造卫星、各种运载火箭、空间探测工具等），影响近地和深空宇宙环境的问题已被人们所关注，并成为环境科学的一个新兴的研究领域。

（2）地球环境

地球环境又称全球环境，指地球上有生命存在的空间和存在于其中的客观条件，其主体是地球生物界。地球环境的范围是从海平面以下约 12 km 的深度到海平面以上约 10 km 的高度，包括岩石圈（土壤圈）、水圈和大气圈下层。地球环境是所有地球生物的资源库，并为所有地球生物提供栖息地，人们通常把大气圈底部、水圈全部和岩石圈上部及其中栖息生活的所有地球生物的总体称为生物圈。所有地球生物都对地球环境有或多或少的影响，特别是人类不当的发展模式、生产生活方式，对地球环境的影响巨大且深远。例如，过度碳排放导致地球气候变暖，加剧了地球环境恶化，日益威胁人类自身的生存。

（3）区域环境

区域环境又称地区环境，指具有某种相对稳定的自然地貌、气候等特征的空间和存在于其中的客观条件，其主体是与其相适应的植物、动物和微生物的集合。区域环境是地球环境的特征性局部，如湖泊、江、河、海洋、沙漠、高山、丘陵和平原；热带、亚热带、温带和寒带。区域环境孕育着独特组合的生物类群，区域环境与其中的生物一起构成不同类型的生态系统，生态系统是生物圈的特征性局部，包括湖泊生态系统、河流生态系统、海洋生态系统、热带雨林生态系统、沙漠生态系统等。区域环境的稳定性是地球环境健康的基础，遏制地球环境恶化必须做好区域环境的保护工作。

（4）生活环境

生活环境又称栖息地，指适合于特定物种生存、繁衍的空间和存在于其中的客观条件，其主体是特定生物。一般来说，每一个种群只能在一定限度的客观条件中生存、繁衍，并在某段最适幅度内发育最好，如客观条件超出了最适幅度，向最大和最小限度两个方向发展，则种群规模会逐渐缩小，乃至全部消失。区域环境覆盖多种物种的生活环境，保护好区域环境较之刻意单独保护某一物种的生活环境会有事半功倍的效果。

（5）小环境

小环境又称微环境，是指接近生物个体表面，或个体表面不同部位的空间和存在于其中的客观条件，其主体是生物个体或其局部。一般来说，小环境直接影响生物的生活质量和生命状态。例如，植物根系附近的土壤环境，叶片附近的大气环境，都直接影响植物的生存、生长。

（6）内环境

内环境是指生物体内系统、器官、组织、细胞甚至细胞器周围的空间和存在于其中的客观条件，其主体是系统、器官、组织、细胞甚至细胞器。内环境是生物新陈代谢、分化、进化的结果。内环境比外环境具有更高的独特性和稳定性。内环境是外环境所不能替代的，自然状态下，生物的生命活动都只能在内环境中进行。

二、环境的功能和特性

（一）环境的功能

对于人类而言，环境的功能是指环境要素及由其构成的环境状态对人类生产和生活所承担的职能和作用，具体可以概括如下：

1.为人类提供生存的基本要素

人类、生物都是地球演化到一定阶段的产物，生命活动的基本特征是生命体与外界环境的物质交换和能量转换。空气、水和食物是人体获得物质和能量的主要来源。因此，清洁的空气、洁净的水、无污染的土壤和食物是人类健康和世代繁衍的基本环境要素。

2.为人类提供从事生产的资源基础

环境是人类从事生产与社会经济发展的资源基础。自然资源可以分为可耗竭资源

（不可再生资源）和可再生资源两大类。可耗竭资源是指资源蕴藏量不再增加的资源。它的持续开采过程也就是资源的耗竭过程，当资源的蕴藏量为零时，就达到了耗竭状态。可耗竭资源主要是指煤炭、石油、天然气等能源资源和金属等矿产资源。可再生资源是指能够通过自然力以某一增长率保持、恢复或增加蕴藏量的自然资源，例如太阳能、大气、森林、农作物以及各种野生动植物等。许多可再生资源的可持续性受人类利用方式的影响。在合理开发利用的情况下，资源可以恢复、更新、再生，甚至不断增长。而不合理的开发利用，会导致资源再生过程受阻，使其蕴藏量不断减少，以致枯竭。例如水土流失或盐碱化导致土壤肥力下降，农作物减产；过度捕捞使渔业资源枯竭，导致鱼群的自然增长率降低。有些可再生资源不受人类活动影响，当代人消费的数量不会使后代人消费的数量减少，例如太阳能、风力等。

3.对废物具有消化和同化能力（环境自净能力）

人类在进行物质生产或消费过程中，会产生一些废物并排放到环境中。环境通过各种各样的物理（稀释、扩散、挥发、沉降等）、化学（氧化和还原、化合和分解、吸附、凝聚等）、生物降解等途径来消化、转化这些废物。只要这些废物在环境中的含量不超出环境的自净能力，环境质量就不会受到损害。如果环境不具备这种自净能力，地球上的废物就会很快积累到危害环境和人体健康的程度。环境自净能力与环境空间的大小、各环境要素的特性、污染物本身的物理和化学性质有关。环境空间越大，环境对污染物的自净能力就越大，环境容量也就越大。对某种污染物而言，它的物理和化学性质越不稳定，环境对它的自净能力也就越大。

4.为人类提供舒适的生活环境

环境不仅能为人类的生产和生活提供物质资源，还能满足人们对舒适性的要求。清洁的空气和水不仅是工农业生产必需的要素，也是人们健康、愉快生活的基本需求。优美的自然景观和文物古迹是宝贵的人文财富，可成为旅游资源。优美、舒适的环境可使人心情愉快、精神愉悦、充满活力。随着物质和精神生活水平的提高，人类对环境舒适性的要求也会越来越高。

（二）环境的特性

环境的特性可概括为以下五个方面：

1.环境的整体性

环境是一个系统，自然环境的各要素间相互联系、相互制约。局部地区的污染或破坏，总会对其他地区造成影响和危害。所以人类的生存环境及其保护，从整体上看是没有地区界线、省界和国界的。

2.环境资源的有限性

环境是资源，但这种资源不是无限的。环境中的自然资源可分为非再生资源和再生资源两大类，非再生资源指一些矿产资源，如铁、煤炭等，这类资源随着人类的开采，储量不断减少。生物属于再生资源，如森林生态系统的树木被砍伐后还可以再生；只要捕获量适度并保证生存环境不被破坏，水域生态系统就可以源源不断地向人类提供鱼类等各种水产品。但由于受各种因素（如生存条件、繁衍速度、人类获取的强度等）所制约，在具体时空范围内，对人类来说各类资源都不可能是无限的。水是可以循环的，也属再生资源，但因其大部分的循环更替周期太长，加之区域分布不均匀和季节降水差异性大，淡水资源已出现危机。即便是洁净的新鲜空气，也并非取之不尽的。

3.环境的区域性

这是自然环境的基本特征。由于纬度的差异，地球接受的太阳辐射能不同，热量从赤道向两极递减，形成了不同的气候带。即便是同一纬度，因地形高度的不同，也会出现地带性差异，一般说来，距海平面一定高度内，地形每升高 100 m，气温下降 0.5～0.6 ℃。经度也有地带性差异，这是由地球内在因素造成的，如受海、陆分布格局和大气环流特点的影响，我国就形成了自东南沿海的湿润地区向西北内陆的半湿润地区、半干旱和干旱地区的有规律的变化。不同区域自然环境的这种多样性和差异性具有特别重要的生态学意义，它是自然资源多样性的基础和保证。因此，保护生态环境的多样性不仅保护了自然环境的整体性，也为自然资源的永续利用提供了基本的物质保证。

4.环境的变动性和稳定性

环境的变动性是指环境要素的状态和功能始终处于不断的变化中。从大的时间尺度看，今天人类的生存环境与早期人类的生存环境有很大的差别；从小的时间尺度看，我们生活的区域环境的变化更是显而易见的。因此，环境的变动性就是自然的、人为的或两者共同作用的结果。但在一定的时间尺度或条件下，环境又有相对稳定的特性。所谓环境的稳定性，其实质就是环境系统对超出一定强度的干扰的自我调节，使环境在结构或功能上基本无变化或变化后得以恢复。环境的稳定性和变动性是相辅相成的，变动是绝对的，稳定是相对的。没有变动性，环境系统的功能就无法实现，生物的进化和生物的多样性就不会存在，社会的进步就不能实现；没有稳定性，环境的结构和功能就不会存在，环境的整体功能就无法实现。

5.危害作用的时滞性

自然环境一旦被破坏或污染，许多后果是潜在、深刻和长期的，例如，一片森林被砍伐后，对区域气候的影响能被人们立即和直接感受到。而由此引发的其他许多影响，一是不能很快地反映出来，如水土流失将会加剧；二是人们对其影响的范围和放大程度还很难认识清楚，如生物多样性的改变等；三是恢复时间较长。污染的危害也是如此，日本汞污染引发的水俣病是污染排放后 20 年才显现出来的。污染危害的这种时滞性，一是由于污染物在生态系统各类生物中的吸收、转化、迁移和积累需要时间导致的；二是与污染物的化学性质有关，如半衰期的长短、化学物质的寿命等。人类合成的用作制冷剂的氟氯烃（CFCs）类化学物质，能破坏臭氧层，它们的平均存留期为90 年。这意味着，即使人类现在停止使用，这些污染物还将在大气层中存在很长一段时间，并将继续对臭氧层造成破坏。

20 世纪 80 年代开始，人们对环境的资源功能的认识有了很大进步，开始认识到环境价值的存在。到20 世纪90 年代，对环境资源价值的研究成为环境科学的热点，这是现代环境科学的一个重要标志。它的意义在于，首先，人们承认了环境资源并非取之不尽、用之不竭的，树立了珍惜资源的意识，促进了科学技术的发展；其次，人们认识到了良好的生态环境条件是社会经济可持续发展的必要条件，增强了环境保护的意识。

三、环境因子

任何一种环境都包含多种多样的组成要素，环境就是由许多环境要素所构成的，这些环境要素即称为环境因子。

环境因子具有综合性和可调剂性，它包括生物有机体以外所有的环境要素。美国生态学家道本敏尔（R. F. Daubenminre）将环境因子分为三大类（气候类、土壤类和生物类）和7个并列的项目（土壤、水分、温度、光照、大气、火和生物因子），这是以环境因子特点为标准进行分类的代表。罗·达若兹（Roger Dajoz）依据生物有机体对环境的反应和适应性进行分类，将环境因子分为第一性周期因子、次生性周期因子及非周期性因子。吉尔（Gill）将非生物的环境因子分为三个层次：第一层，植物生长所必需的环境因子（如温度、光照、水分等）；第二层，不以植被是否存在而发生的对植物有影响的环境因子（如风暴、火山爆发、洪涝等）；第三层，存在与发生受植被影响，反过来又直接或间接影响植被的环境因子（如放牧、火烧等）。

四、生物与环境的相互作用

（一）地球表层各圈层多半是生物作用或改造的产物

当今地球表层的岩土圈盖层，绝大部分是物理－化学－生物过程的产物。覆盖许多浅海区的碳酸盐沉积物，大部分（除粒屑灰岩和砾状灰岩外）是生物成岩作用产物，覆盖大部分深海区的硅质软泥也是如此，此外还有磷灰岩等生物成岩产物。陆地上的土壤，都是微生物作用的产物。即使是泥沙碎屑沉积物，也往往含有生物遗体、遗迹或经历过生物作用的改造。

海洋孕育了生物，但生物也改变了海洋。海洋生物圈全部活物质更新周期平均为33天，海洋浮游植物为1天。水圈中全部的水每2 800年通过生物体一次，全球大洋的水平均每半年通过浮游生物过滤一次。除蒸馏水外，几乎不存在无生命活动的水体，因此可以说，全部水圈都经历过生物地球化学过程。

原始大气是无氧大气，开始时 CO_2 占 98%，后来又富含 CH_4。由无氧大气转变为当代的富氧大气，主要是生物光合作用（吸收 CO_2，放出 O_2）的结果。

（二）地球表层物质运动都经过物理－化学－生物过程

地球上活着的生物总个体数约为 5×10^{22}，其中宏体生物占 2%，若按其平均体重 1 g、平均寿命 20 天计，则自 6 亿年前以来，宏体化石累计总质量达 6.7×10^{30} g，约是地球总质量（6×10^{27} g）的 1 000 倍，其所转移的物质总量又为自身质量的许多倍。占 98%总生物量的微生物，转移的物质量倍数更大。由于生物圈覆盖整个地表，因此，在地球表层物质运动中，几乎不存在未经历生物过程的物质。

（三）地球表层的能量——太阳能主要靠生物吸收、转换和储存

生命活动吸收、储存太阳能，否则，大部分太阳能将会反射和散失，地球表层物质运动速率将会大大减小。当今人类利用的岩石圈中储存的化学能，90%以上来自地球历史生物圈吸收太阳能转换成的有机碳等形式的化石能源（煤、油、气）。当前的太阳能和地质时期形成的化学能库，加上地球释放的内能（火山、地热、构造活动），保证了地球表层系统稳定的能量供应。地球表层目前的状态在很大程度上是靠生命活动来调控和维持的。如果没有生物圈的调控，地球表层就会恢复到月球或火星的状态：缺氧的大气、消失的液态水圈，以及裸露无生命的岩石和粉尘。古生代－中生代之交的一次生物大规模灭绝，使宏体生物种数减少了 90%，在这次灭绝后的 5 百万年时间中，碳同位素比值有大幅度的波动，表明地球环境变动剧烈，倒退到地球历史早期的状况。这就说明生物圈的存在对维持地球表层目前状态非常重要，这可作为当今全球变化和生物多样性危机未来演变的借鉴。

由此可见，生物圈与地球表层存在着相互作用而不是单向作用。35 亿年的地球与生命共存的历史是一部地球与生命协同演化史。不仅地球系统影响生物圈，而且生物圈也影响地球系统。这种相互作用，从地球历史早期到现在，一直在协同、耦合地进行着。

第三节　生态因子

一、生态因子的概念

环境科学一般以人类为主体，环境是指围绕着人群的空间以及其中可以直接或间接影响人类生活和发展的各种因素的总和。生物科学一般以生物为主体，环境是指围绕着生物体或者群体的一切事物的总和。所指主体的不同或不明确，往往是造成对环境分类及环境因素分类不同的一个重要原因。生态因子是指环境中对生物的生长、发育、生殖、行为和分布有着直接或间接影响的环境要素，如温度、湿度、食物、氧气、二氧化碳和其他相关生物等。生态因子是生物存在的不可缺少的环境条件，也称生物的生存条件。生态因子也可认为是环境因子中对生物起作用的因子，而环境因子则是指生物体外部的全部环境要素。

二、生态因子的分类

生态因子的类型多种多样，可分为生物因子与非生物因子两类，前者包括生物种内与种间的相互关系，后者包括气候、土壤和地形等。

（一）生物因子

生物因子是指与本生物构成环境关系的所有其他生物，也就是通常所讲的种内关系和种间关系。

1.捕食

捕食是指一种生物以另一种生物为食的种间关系。捕食一方面能直接影响被捕食者的种群数量，另一方面也影响捕食者本身的种群变化，两者关系十分复杂。捕食也是一种种间的对抗性关系。

2.寄生

寄生是指一种生物生活在另一种生物的体内或体表，并从后者摄取营养以维持生活的种间关系。生物界的寄生现象十分普遍，几乎没有一种生物是不被寄生的，寄生物从宿主身上获取营养、赖以生存并损害对方。

3.竞争

竞争是指两种生物共居一起，为争夺同种资源（食物和营养物质、空间）和其他共同需要而发生斗争的种间关系。

4.共生

共生是指两种生物共同生活，双方互相依靠、彼此受益的种间关系。例如，某种海葵，附着于海螺的外壳，其刺丝对海螺起到保护作用，同时寄居在海螺壳内的海蟹不时地移动为海葵获取食物提供了便利。

（二）气候因子

气候因子也称地理因子，包括光因子、温度因子、水因子等。

1.光因子

光是地球上所有生物得以生存和繁衍的最基本的能量源泉。太阳辐射的强度、质量及其周期变化对生物的生长发育和地理分布都产生着深刻的影响，而生物本身对这些变化的光因子也有着极其多样的反应。光照强度对植物细胞的增长和分化、体积的增长和质量的增加有重要影响；光还促进组织和器官的分化，制约着器官的生长发育速度，使植物各器官和组织保持发育上的正常比例。

2.温度因子

生物生命活动中的每一个生理生化过程都有酶系统的参与，在一定的温度范围内，生物的生长速率与温度成正比。然而，每一种酶的活性都有它的最低温度、最适温度和最高温度，相应形成生物生长的"三基点"。一旦超过生物的耐受能力，酶的活性就将受到制约，生物的生长将受到影响。

3.水因子

水是生命现象的基础，没有水也就没有原生质的生命活动。就植物而言，水量只有处于最适范围内，才能保证植物有最优的生长条件。水对动物也有较重要的影响。水分不足，可以引起动物的滞育或休眠。此外，许多动物的周期性繁殖与降水季节密切相关。水影响动植物的数量和分布。降水在地球上的分布是不均匀的，在不同的区域生长着不同的植物，分布着不同的动物。

（三）土壤因子

土壤因子是气候因子与生物因子共同作用的产物。由于植物与土壤之间发生着频繁的物质交换，彼此强烈影响，因而土壤是一个重要的生态因子。每种土壤都有其特定的生物区系，例如细菌、真菌、放线菌等土壤微生物及藻类、原生动物、轮虫、线虫、环虫、软体动物和节肢动物等动植物。这些生物有机体的集合，对土壤中有机物质的分解和转化，以及元素的生物循环，具有重要的作用，并能影响、改变土壤的化学性质和物理结构。土壤中的各种组分以及它们之间的相互关系影响着土壤的性质和肥力，从而影响生物生长。

（四）地形因子

地形因子是间接因子，通过影响气候因子与土壤因子，间接地影响生物的生长与分布。地形因子又可分为高原、山地、平原、低地、坡度和坡向等。即使是同一山体，迎风坡和背风坡，也因降水的差异生长着不同的植物，分布着不同的动物。

（五）人为因子

人为因子是指人类的砍伐、挖掘、采摘、引种、驯化及环境污染。把人为因子从生物因子中分离出来是为了强调人类作用的特殊性和重要性。人类活动对自然界的影响越来越具有全球性，分布在全球各地的生物都能直接或是间接地受到人类活动的巨大影响。

生物与环境是相互联系、相互制约的统一整体。一方面，生物的生命活动依靠环境得到物质和能量，得到信息和栖所，生物离不开环境；另一方面，生物的生命活动又不断地改变着环境的存在状况，影响着环境的发展变化，生物改造着环境。

三、生态因子的作用特征

生态因子与生物之间的相互作用是错综复杂的，只有掌握了生态因子的作用特征，才有利于解决现实中出现的问题。

（一）综合作用

环境中的各种生态因子不是孤立、单独存在的，总是与其他因子相互影响、相互联系、相互促进和相互制约，因此任何一个因子的变化，都会引起其他因子不同程度的变化，最终导致各种生态因子的综合作用。虽然生态因子的作用有直接的和间接的、主要的和次要的，但它们在一定条件下又可以互相转化。这是由于生物对某一个极限因子的耐受限度会因其他因子的改变而改变，所以生态因子对生物的作用不是单一的，而是综合的。例如，光照强度的变化必然会引起大气和土壤的温度和湿度发生改变，而温度与湿度可共同作用于有机体生命周期的任何一个阶段（幼体发育、生存、繁殖等），通过影响某一阶段而限制物种的分布，这就是生态因子的综合作用。再如，山脉阳坡和阴坡的植被景观的差异，是光照、温度、湿度、风速等因子综合作用的结果；动植物的物候变化是气候变化综合影响的结果。总之，生物的生长发育依赖于气候、地形、土壤、生物等多种因素的综合作用。

（二）主导因子作用

不同的生态因子对生物的作用并非等价的，其中对生物起决定性作用的生态因子称为主导因子。主导因子发生变化会引起其他因子也发生变化，从而影响生物的生长发育。例如，在植物进行光合作用时，光照强度是主导因子，温度和湿度为次要因子；在植物进行春化作用时，温度（低温）是主导因子，湿度和通气条件是次要因子；在光周期现象中，日照长度是主导因子。由于主导因子的作用，生物产生了一系列的适应与进化特征。例如，以土壤为主导因子，植物形成了喜钙植物、嫌钙植物、盐生植物、沙生植物等类群；以水分为主导因子，植物形成了水生植物、湿生植物、中生植物、旱生植物等类群；以食物为主导因子，动物形成了草食动物、食肉动物、腐食动物、杂食动物等类群。

（三）不可代替性和补偿作用

各种生态因子对生物的作用是不同的，每种生态因子都有其重要性，尤其是如果缺少作为主导作用的因子，就会造成生物不能正常生长发育，甚至死亡。从总体上来说，生态因子是不能相互代替的，但在一定条件下，某一个生态因子在量上的不足，可以由其他生态因子来补偿，同样获得类似的生态效应。例如，植物在进行光合作用时，光照强度减弱造成的光合作用下降，可以通过增加二氧化碳浓度来补偿；软体动物长壳需要钙，环境中大量锶的存在可以补偿钙的不足。当然，生态因子只能在一定范围内进行部分补偿，而且生态因子之间的补偿也不是经常存在的。

（四）限制因子作用

当某种生态因子接近或超过某种生物的耐性极限，对生物的生长、繁殖或扩散甚至生存造成阻碍时，这样的因子被称为限制因子。当某一因子处于最小量时，可以成为生物的限制因子；但当某一因子过量时（例如过高的温度、过强的光或过多的水），同样可以成为限制因子。1905 年，英国著名的植物生理学家布拉克曼（F. Blackman）首先发现这一现象，在尤斯图斯·冯·李比希（Justus von Liebig）的最小因子定律的基础上，提出了生态因子的最大状态也具有限制性影响，这就是著名的限制因子定律。

研究在外界光照、温度、营养物等因子数量改变的状态下生物同化过程、呼吸作用、生长繁殖等生理生化现象的变化，可以发现如下规律。

（1）在有机体的生长中，更容易看到某因子的最低状态、适合状态与最高状态。例如，如果温度或者水的获得性低于有机体需要的最低状态，或者高于最高状态时，有机体生长停止，很可能会死亡。由此可见，生物对每一种环境因素都有一个耐受范围，只有在耐受范围内，生物才能存活，即在众多生态因子中，任何接近或超过某种生物的耐性极限，而且阻止其生长、繁殖或扩散的因素，均为限制因子。

（2）通常可归纳出 3 个要点：生态因子低于最低状态时，生理现象全部停止；在最适状态下，显示了生理现象的最大观测值；在最大状态之上，生理现象又停止。

（3）植物进行光合作用的叶绿体主要受 5 个因子的控制：太阳辐射能强度、二氧化碳、水、叶绿素的数量及叶绿体的温度。当一个过程的进行受到许多独立因素支配时，其光合作用进行的速度将受最低量的因素的限制。这一结论可以看作对最小因子定律的扩展。

生物的生存和繁殖依赖于各种生态因子的综合作用，其中限制生物生存和繁殖的关键性因子就是限制因子。任何一种生态因子只要接近或超过生物的耐受范围，它就会成为这种生物的限制因子。这就是说，如果一种生物对某一生态因子的耐受范围很广，而且这种因子又非常稳定，那么该因子就不太可能是限制因子；相反，如果一种生物对某一生态因子的耐受范围很窄，而且这种因子又易于变化，那么该因子就很可能成为一种限制因子。例如，对陆生动物而言，氧气数量多、含量稳定而且容易得到，因此一般不会成为限制因子（寄生生物、土壤生物和高山生物除外）。相反，氧气在水体中的含量有限，而且又经常会发生变动，因此常常成为水生动物的限制因子。

限制因子的概念具有十分重要而且实用的意义。例如，某一动物种群数量增长缓慢，或者某种植物在某一特定条件下生长缓慢。并非所有因子都具有同等重要性，这个时候，关键是要找出可能起到限制作用的因子。首先要通过野外观察和分析，找出起显著限制作用的因子；其次要分析这些因子是如何对生物起作用的，并设计室内试验去确定某一因子与生物的定量关系；最后便能很快地解决生物增长缓慢的问题。人们在研究限制鹿群增长的因子时，发现冬季由于地面及植物枝叶被雪覆盖，鹿取食相对比较困难，因此食物可能成为鹿群的限制因子。根据这一研究结果，冬季在森林中人工增添饲料，可以降低鹿群冬季死亡率，从而提高鹿的资源量。总之，限制因子概念的主要价值是使生态学家拥有了一把研究生物与环境复杂关系的钥匙，因为生物与环境的关系往往是复杂的，各种生态因子对生物来说并非同等重要，所以生态学家一旦找到了限制因子，就意味着找到了影响生物生存和发展的关键性因子。

（五）阶段性作用

生态因子的规律性变化会导致生物生长发育出现阶段性。生物在不同的发育阶段，其生长发育需要不同的生态因子或者不同强度的生态因子，因此生态因子对生物的作用具有阶段性。例如，低温在某些植物的春化阶段是必不可少的，但在其后的生长阶段则是有害的；金龟子的幼虫和成虫生活在完全不同的生境中，它们对生态因子的要求差异极大。

（六）直接作用和间接作用

生态因子对生物的生长、行为、繁殖、分布等的作用可以是直接的，也可以是间接的，有时要经过几个中间环节，而间接作用往往是通过影响直接因子而间接影响生物的。例如，光照、温度、水分、二氧化碳、氧气等对生物起直接作用；而海拔高度、坡向、坡度等地形因子对生物的作用不是直接的，而是通过影响光照、温度、水分等生态因子对生物产生作用的。同一山体由于坡向不同，可以导致生物类群产生明显的差异。例如，四川二郎山的东坡湿润多雨，典型的植被类型为常绿阔叶林，而西坡空气干热缺雨，典型的植被类型为耐旱的灌草丛。产生这种差异的主要原因是东坡为迎风坡，从东向西运行的湿润气流沿坡而上，随着海拔升高，气温逐渐降低，水汽大量凝结并在东坡降落，故东坡湿润多雨；而当气流越过坡顶沿山脊向西坡下行时，随着海拔的降低，干冷的空气增温，这种干热空气不但本身缺水不能向坡面降雨，反而从坡面上吸收水分，从而使西坡更加干旱。

第三章　生态系统

第一节　生态系统概述

一、生态系统的概念和基本特征

（一）生态系统的概念

生态系统的概念是由英国植物群落学家坦斯利（A. G. Tansley）在 1935 年首先提出的，他认为，"这个系统不仅包括有机复合体，而且包括形成环境的整个物理因子复合体"。

生态系统指由生物群落与无机环境构成的统一整体。生态系统的范围可大可小，相互交错，小至一滴湖水，大至海洋，以至整个生物圈，都是一个生态系统。最大的生态系统是生物圈，最为复杂的生态系统是热带雨林生态系统，人类主要生活在以城市和农田为主的人工生态系统中。一个生物物种在一定范围内所有个体的总和在生态学中称为种群，在一定的自然区域内许多不同种的生物体的总和则称为群落，任何一个生物群落与其周围非生物环境的综合体就是生态系统。在自然界，任何生物群落都不是孤立存在的，它们总是通过能量和物质的交换与其生存的环境不可分割地相互联系、相互作用着，共同形成一个统一的整体。生态系统是生物圈的结构和功能单位，是指在一定空间中共同栖居着的所有生物群落与其环境之间由于不断进行物质循环和能量流动过程而形成的统一整体。

（二）生态系统的基本特征

（1）所有的系统都服从热力学第一、第二定律。任何一个系统凡是涉及能量和使用能量的，其内部的能量转化与能量传递以及与系统外部的能量交换，均服从热力学第一、第二定律。

（2）系统的大小是由实验和生产边界以及人脑识别范围所定的，无严格限定。一般而言，系统的大小是没有严格限制的，所有的系统都需要人们的识别或想象。例如，系统可以小到鱼缸，甚至一滴含有生命的水，大到整个生物圈。

（3）所有的系统中又都包括其他系统。任何系统都是由更小一级的单位组成的，这就是系统的组分，系统是由多个子系统构成的，而子系统又由多个子子系统（亚系统、亚子系统）构成。例如，一株大树作为一个系统时，其枝条则为子系统，叶为子子系统。

二、生态系统的组成

生态系统是一个多成分的极其复杂的大系统。生产者、消费者和分解者在物质循环和能量流动中各自发挥着特定的作用并形成整体功能，使整个生态系统正常运行。

（一）生态系统的非生物成分

生态系统的非生物成分，即非生物环境，它是生物生存栖息的场所，具备生物生存所必需的物质条件，也是物质和能量的源泉。其主要包括驱动整个生态系统运转的能源和热量等气候或其他物理化学因子，如光照、热量、空气、水分、温度、压力、岩石、土壤等；无机物质，如无机元素和化合物（C、N、CO_2、O_2、Ca、P、K 及各种盐类）等；有机物质，如蛋白质、糖类、脂类和腐殖质等。非生物环境构成了生物生长发育的能量和物质基础，又称为生命支撑系统。

（二）生态系统的生物成分

1.生产者

生产者是能以简单的无机物制造食物的自养生物，主要包括所有的绿色植物，也包括单细胞的藻类和能把无机物转化为有机物的一些细菌。它们吸收太阳能进行光合作用，把从环境中摄取的无机物质（水、二氧化碳、无机盐）合成为有机物质（碳水化合物），并将太阳能转化为化学能贮存在有机物质中，供给自身生长发育的需要，并且为地球上其他一切生物提供赖以生存的食物，它们是有机物质的最初制造者。

生产者是生态系统的主要成分，是生态系统中营养结构的基础，决定着生态系统中生产力的高低，并且维系着整个生态系统的稳定。其中，各种绿色植物还能为各种生物提供栖息、繁殖的场所。

2.消费者

消费者指以摄取其他生物为生的异养生物，它们不能直接利用太阳能来生产食物，只能通过生产者制造的食物获得物质和能量。它们在生态系统中只能进行消费，不能进行生产。

消费者的范围非常广，包括了几乎所有动物、寄生和腐生的细菌类，它们通过捕食和寄生关系在生态系统中传递能量。其中，以生产者为食的消费者被称为初级消费者，以初级消费者为食的消费者被称为次级消费者，其后还有三级消费者与四级消费者。同一种消费者在一个复杂的生态系统中可能充当多个级别。

消费者是生态系统中的重要环节，它们对整个生态系统的自动调节，尤其是对生产者的过度生长、繁殖起着控制作用。

3.分解者

分解者是异养生物，指具有分解能力的各种微生物，主要包括细菌、真菌及一些原生动物和一些小型无脊椎动物等。分解者的作用是把动植物残体的复杂有机物分解为生产者能重新利用的简单化合物，并释放出能量，其作用与生产者相反。

生产者为消费者和分解者直接或间接地提供食物；消费者把生产者的数量控制在非生物环境所能承载的范围内；生产者和消费者的残体、排泄物最终被分解者分解成无机物，供植物重新利用。正是生产者、消费者、分解者和非生物环境之间的协调、统一，使生态系统能够不停地发挥作用。

三、生态系统的结构

生态系统就像一台有生命的机器，其各个构件都是生物。这台机器以二氧化碳和水为原料，以阳光为能源，经过机器内部进行的能量流动和物质循环，制造出各种各样的产品。其中生物种类、种群数量、种的空间配置（水平和垂直分布）、种的时间变化（发育、季相、波动）等，决定着各种类型生态系统的结构特征。据生态系统的结构可分为三类，即空间结构、时间结构与营养结构。

（一）空间结构

空间结构是生态系统的垂直分化和成层现象，如对光照强度适应性不同的生产者在生态系统内部占据着不同的垂直位置，出现在地面以上不同的高度；而不同植物由于对水分、营养物质的需要不同而在土壤中占据着不同的深度，它们的种类组成、种群数量特征和层次各不相同。同样，与之相配合的动物和微生物在生态系统中也占据不同的垂直空间，如不同的鸟类在森林中占据着不同的垂直空间，在不同的垂直高度位置上觅食和建巢。各种不同的节肢动物分布在从林冠向下直到草本植物层和地面以下的不同深度。

（二）时间结构

一日之中，每个枝、每片叶的投影位置不同；同一种植物在不同的时间里其物候也是不同的，因此形成了季相；不同年份里，同一个群落的结构和数量特征也不完全相同，表现出年度间的波动。这样就构成了生态系统的时间结构。

（三）营养结构

生态系统以营养关系为纽带，把生物和非生物紧密地结合起来，构成以生产者、消费者、还原者为中心的三大功能类群。可以看出，环境中的营养物质不断被生产者吸收，在光能的作用下，转变成化学能，通过消费者的取食，使物质循环传递，再经过还原者分解成无机物质归还给环境，形成了生态系统的营养结构模式（见图3-1）。

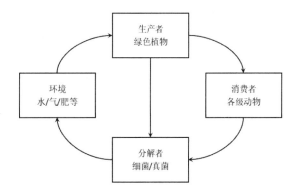

图 3-1　生态系统的营养结构模式

营养结构是生态系统重要的结构特征，其基础是各种不同的食物链。每一个生态系统都有其特殊的、复杂的营养结构关系，能量流动和物质循环都必须在营养结构的基础上进行。

1.食物链

生态系统中，植物固定的能量和物质，通过一系列食物关系在生态系统中传递，生物这种以食物关系排列的链状顺序称为食物链。食物链是生态系统中能量流动的通道。绿色植物光合作用所固定的能量，沿着食物链单向地进行传递流通，即一种生物被另一种生物所食，然后又被第三种生物所食，接着被第四种生物所食，从而形成以食物为枢纽的链条关系。

自然生态系统中，食物链主要有以下三种类型：

（1）捕食食物链或牧食食物链：是以活的自养有机体（植物）为起点的食物链。如绿色植物→草食动物→肉食动物→顶级消费者；浮游植物→浮游动物→草食性鱼类→肉食性鱼类。

（2）腐屑（碎屑）食物链：以动、植物残体为起点的食物链。如动植物残体→腐食性动物→肉食性动物→顶级消费者。腐食性动物主要指在土壤中的螨类、线虫、蚯蚓、千足虫等。

在同一个生态系统中，腐屑食物链与捕食食物链可以同时存在，但以其中一种为主。

腐屑食物链的成分与过程比捕食食物链复杂，大部分需要分解者参加，分解后才能被进一步利用，因此其运转速度一般要慢于捕食食物链。在陆地上，森林系统以腐屑食物链为主，草原生态系统以捕食食物链为主。在水体中，海洋生态系统以捕食食物链为主，浅水池塘生态系统则以腐屑食物链为主。

（3）寄生食物链：以活的动、植物有机体为起点的食物链。其特点是寄生物以活有机体作为寄主，随着营养级增加，生物个体越来越小，数目越来越大。如动物→跳蚤→螨；蔬菜→线虫→菌；树叶→尺蠖→寄生蝇→寄生蜂。

2.营养级

食物链每个环节上的所有生物的总和，称为营养级。通常有初级生产者（绿色植物）、一级消费者（草食动物）、二级消费者（一级肉食消费者）、三级消费者（二级肉食消费者）等。一般情况下，食物链不超过 5 个营养级。食物链越长，能量流动中的损耗越大，后面的生物所利用的能量越少，因此，环节越多，利用效率越低。

在自然界中，某些生物常常同时取食多种食物，如杂食动物既取食植物又捕食动物，它们同时占有多个营养级。因此，此类动物营养级的归属常常难以确定。一般可用下面的公式计算其在生态系统中的营养级：

$$N = 1 + \sum P \cdot F \qquad (3\text{-}1)$$

式中：N——生物所处的营养级；

P——某种食物占该生物全部食物的百分比；

F——食物种群所归属的营养级。

3.食物网

生态系统中的食物链常常彼此交错联结，形成一个网状结构，这就是食物网。这是由于在生态系统中，任何生物的食物都不只是一种，而其本身亦可成为其他多种生物的食物，所以，同一条食物链常常由多种生物组成，而同一种食物也常常出现于不同的食物链中。这样，生态系统中的食物链就构成了相互交错联结的食物网。环境条件越优越，食物链所具有的营养级就可能越多而形成复杂的网状形式。一般而言，食物网复杂的生态系统比较稳定，而食物网简单的生态系统稳定性较差。例如，在苔原生态系统中，食物链的基础是地衣，对 SO_2 非常敏感，当大气 SO_2 超标时，就会导致生产力毁灭性破坏，整个生态系统出现崩溃。

第二节　生态系统的物质生产

一、生态系统中的初级生产

生态系统的生产过程指的是生物有机体通过能量代谢，将各种有机物、无机物转化为生物有机体组织，生物有机体通过光合作用或化能作用，把无机物转化成复杂有机物，并把能量固定在有机物中的过程。由于它是生态系统能量输入的初始阶段，因此，叫作初级生产或第一性生产。

（一）初级生产的几种形式

（1）光合作用：生产者（主要是绿色植物）在光的作用下利用无机原料生产有机物的过程。

$$6CO_2 + 12H_2O \xrightarrow{\text{光}} C_6H_{12}O_6 + 6H_2O + 6O_2 \tag{3-2}$$

（2）化能合成作用：一些不含色素的细菌（化能合成细菌）可利用 H_2S、H_2、NH_3 等氧化时释放的化学能同化 CO_2，该过程叫作化能合成作用。化能合成细菌均为好气性细菌，如硝化细菌。

$$2NH_3 + 3O_2 \longrightarrow 2NHO_2 + 2H_2O + 661.5 \text{ J} \tag{3-3}$$

$$4NO_2 + 2H_2O + O_2 \longrightarrow 4NHO_3 + 180.9 \text{ J} \tag{3-4}$$

$$CO_2 + 2H_2S \xrightarrow{\text{化学能}} CH_2O + H_2O + 2S \tag{3-5}$$

（3）细菌光合作用：含有色素的光合细菌在光照下利用硫化氢、异丙醇等有机或无机还原剂把 CO_2 还原为有机物的过程，称为细菌光合作用。光合细菌大多为嫌气性细菌。

（二）初级生产力

初级生产过程中，能量固定或有机物形成的速率，叫作生态系统初级生产力。可分为总初级生产力（有机物的合成速率，包括自身呼吸消耗）和净初级生产力（形成生物体组织的有机物积累速率）。

（三）生产量

一定时间内生产者进行光合作用或化能作用生产的有机物质的总量或固定的总能量，是总生产量，扣除生物体自身呼吸消耗剩余的部分叫作净生产量。

（四）现存量

一定空间内，某观察时刻实际存在的活生物体积累量，去除生物体自身呼吸消耗量、动物的采食量和生物体自身的残死量，就是现存量。

二、生态系统中的次级生产

次级生产指的是异养生物的再生产过程。狭义的次级生产指的是草食动物利用初级生产的同化过程，而广义的次级生产是指生产者以外的其他生物（包括各种消费者和还原者）利用其他生物有机体的同化过程。因此，广义的次级生产即消费者和还原者利用初级生产量进行同化作用，表现为动物和微生物的生长、繁殖和营养物质的贮存。次级生产积累的有机物的数量称为次级生产量，次级生产量积累的速率则称为次级生产力。

次级生产的实质是生态系统内部能量与物质的传递过程。生态系统以初级生产为基础，通过次级生产延长了生物量与能量的传递时间。但在次级生产过程中，由于以下五种形式的损失，初级生产并未全部形成次级生产。

（1）消费者不可及部分：生态系统中存在一些消费者无法到达的地方，这些地方的初级生产未能被草食动物利用。

（2）不可利用的植物或动物部分：植物体本身具有一些草食动物根本无法利用的部分。例如，植物体的刺、芒、毛等大多数动物无法食用或不喜食用；位于土壤中的根系，牛、马、羊等草食动物无法采食。大型兽类粗大的骨骼也无法被食肉动物食用。

（3）无法同化的部分：无论是植物还是动物，在被其他动物食用的时候，有很大一部分无法被食用者消化吸收。这些未被消化吸收的部分被消费者以粪便的形式排出体外。

（4）呼吸消耗：动物在维持其正常生理代谢活动以及捕食、交配、哺幼、嬉戏、躲避天敌等各种日常活动时，需要通过呼吸作用消耗大量能量，最后以热的形式散发到环境中。

（5）分泌物：动物在正常的生活中，常常会将一些分泌物或代谢产物排出体外，如汗、尿等。

三、生态系统中的物质分解

生态系统中的分解作用是死的有机物质逐步降解的过程，它是初级生产的逆过程，是复杂有机物分解成简单无机物质的异养代谢过程，同时也是一个释放能量的生物氧化过程。其化学通式如下：

$$CH_2O + O_2 \xrightarrow{\text{放能}} CO_2 + H_2O \tag{3-6}$$

分解过程大体上可以分为三个过程，它们在有机物的分解过程中相互交叉、互相影响：

（1）物理或生物作用阶段：这是有机物的碎化过程，即把动植物遗体、残渣分解成颗粒状的碎屑。参与此过程的既有生物因素（如食碎屑的无脊椎动物），又有非生物因素（如风化、结冰、解冻、干湿作用等）。

（2）有机质的矿化过程：这是有机物的降解过程。在微生物的作用下，有机物质被彻底分解，释放出简单矿物质和 CO_2、NO_2、N_2、NH_3、CH_4（甲烷）、H_2O 等，这种过程称为矿化过程，它与光合作用固定无机营养元素的过程正好相反。

在土壤微生物分解有机质的同时，一些中间产物又在微生物的作用下合成新的具有相对稳定性的高分子多聚化合物——腐殖质，这个过程称为腐殖化过程。腐殖质的分解比动、植物残体更为困难，因此，腐殖质的分解过程非常缓慢。同位素 ^{14}C 定年代法测定结果表明，腐殖质在灰壤土中的保存年代为（250±60）a，在黑钙土中的保存年代为（870±50）a。

（3）淋溶过程：这是有机物中的可溶性物质被水淋洗出来的纯物理过程。

全球净初级生产每年大约产生 $170×10^9$ t 有机质，其中陆地生态系统每年生产 $115×10^9$ t，海洋生态系统每年生产 $55×10^9$ t。每年通过生物氧化分解为水和 CO_2 的有机质大约也是这么多。所以，生产与分解大致是平衡的。但最近两个多世纪里，人类有意无意地大大加快了分解过程的速度。其主要途径是：①大量燃烧化石燃料；②农业生产加速了腐殖质的分解速率。由于人类工农业活动而进入大气中的二氧化碳量，虽然比 CO_2 的循环总量小，但是因为大气 CO_2 贮库本来就不大，库容较大的海洋也未来得及吸收人类活动所产生的 CO_2，因此，大气 CO_2 量迅速增加，"温室效应"问题已经成为备受关注的主要环境问题之一。

目前公认的温室气体除了 CO_2 之外，还有甲烷（CH_4）、一氧化氮（NO）、水蒸气（H_2O）和氯氟烃（CFC）等。其中，CO_2 气体量的增加占全部温室气体的 50%以上。

上述温室气体的作用类似于温室玻璃或塑料薄膜，允许太阳辐射的短光波段通过（可见光部分），不允许长光波段通过（红外光部分），造成温室的温度上升，即大气温度上升。大气温度上升又造成了全球气候变化。主要包括：①两极冰川融化，导致海平面上升。②高山的冰川融化，人类所需的淡水匮乏，面临缺水的危机。③降水的格局发生变化，总体趋势是中纬度地区降水量增大，北半球的亚热带地区降水量减少，而南半球的降水量增大。④全球云量分布的变化，自 20 世纪以来，云量有增加的趋势。⑤气候灾害事件增加，如暴雨、干旱、厄尔尼诺和拉尼娜现象频发。

第三节　生态系统的能量流动

一、能量流动的途径及特点

（一）个体水平的能量流动

个体水平的能量流动是研究食物链水平乃至生态系统水平能量流动的基础。个体的能量消耗和能量同化可以反映个体水平的能量流动状况。其能量收支平衡状况可用下式表示：

$$A = I - FU \tag{3-7}$$

其中，A 可以分解为：$A = P + R$；

P 可以分解为：$P = P_g + P_r$；

R 可以分解为：$R = R_m + R_w$。

式中，A 代表同化量，I 代表摄入量，FU 代表粪尿排泄量，P 代表次级生产量，P_g 代表个体生长，P_r 代表繁殖，R_m 代表基础代谢，R_w 代表各种活动。

在第一性生产中，由于植物对太阳辐射的反射和透射作用，太阳辐射的光能只有部分被植物色素吸收。被植物吸收的光能中的有效辐射最终形成了光合作用产物，即总初级生产，而其余部分则未能形成光合产物。植物本身的呼吸作用又消耗部分光合产物，剩余的部分才是真正用于植物生长的净初级生产，成为消费者可利用的食物来源。

在第二性生产中，消费者在采食过程中，并不能将食物种群所含有的能量全部食入，如植物体枯死的部分、动物的毛、蹄、角等常常被丢弃。食入能中，未消化的部分作为粪便被排出体外，而被消化吸收的能量又有很大一部分消耗于动物自身的基础代谢需要和各种日常活动，如捕食、嬉戏，以及汗、尿的排泄等。

（二）食物链水平的能量流动

生态系统中的食物链构成常常是非常复杂的，可以有多种生物同时处于同一营养级，因此，食物链水平的能量流动分析常常是把处于同一营养级的所有物种作为能量传递中的一个环节。测定流经该环节的能量，就可得到该食物链从初级生产者到顶级消费者的能量流动状况。图 3-2 为具有三个营养级位的食物链水平的能量流动模式图。从该图可以看出，绿色植物通过光合作用所吸收和固定的太阳能，在沿着食物链传递时，随着营养级的升高而不断损耗。这种损耗主要来自消费者采食过程中对食物的丢弃、食入的食物未能全部消化吸收、部分吸收消化的能量用于维持动物自身生理代谢活动的呼吸消耗等多种途径。

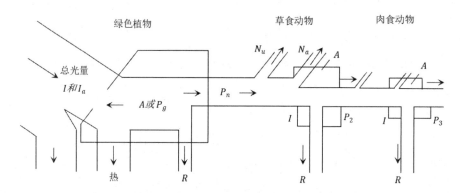

（注：I=输入的辐射能；I_a=植物吸收的光能；P_g=总初级生产；P_n=净初级生产；A=总同化量；P=次级生产量；N_u=未利用能量；N_a=未同化的能量；R=呼吸消耗）

图 3-2　食物链水平的能量流动模式

（三）生态系统水平的能量流动

在生态系统中，食物链仍然是能量流动的基本途径。但是，由于生态系统中常常同时存在多条食物链，并相互交织而构成复杂的食物网，所以，能量在生态系统中是沿着各个食物链流动并逐步递减的。

图 3-3 是一个简化的生态系统能量流动模式图。图中的边框代表生态系统的边界；各个方框代表各个营养级和贮存库；连接各个方框的通道为能量流动通道，其粗细代表能量流动量的多少；箭头则表示能量流动的方向。

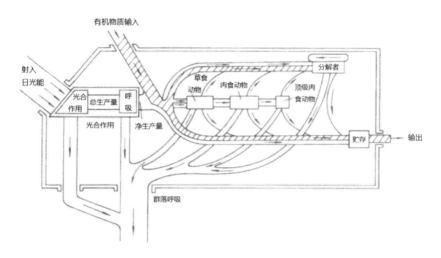

图 3-3　生态系统能量流动简图

　　该模式图中，有两个能量输入通道和三个能量输出通道。能量输入通道分别为日光能输入通道和有机物质输入通道。在有些生态系统中，可能只有其中一个能量输入通道，或以其中一个为主。以日光能为主要能源的生态系统属于自养生态系统，而以有机物质为主要能源的生态系统则属于异养生态系统。能量输出通道则分别是：在光合作用中未固定的日光能、生态系统中各种生物的呼吸消耗以及有机物质的流失。

二、能量传递的热力学定律

　　生态系统的重要功能之一就是能量流动，能量在生态系统内的传递和转化服从热力学的两个定律。

　　热力学第一定律：在自然界发生的所有现象中，能量既不能消失也不能凭空产生，它只能以严格的当量比例由一种形式转变为另一种形式。因此热力学第一定律又称为能量守恒定律。依据这个定律可知，生物体系的能量发生变化，环境的能量也必定发生相应的变化，如果体系的能量增加，环境的能量就要减少，反之亦然。

　　热力学第二定律：在封闭系统中，一切过程都伴随着能量的改变，在能量的传递和转化过程中，除了一部分可以继续传递和做功的能量（自由能）外，总有一部分不能继续传递和做功，而以热能的形式消散，这部分能量使系统的熵和无序性增加。对生态系统来说，当能量以食物的形式在生物之间传递时，食物中相当一部分能量被降解为热而消散掉（使熵增加），其余则用于合成新的组织作为潜能贮存下来。因此能量在生物之间每传递一次，一大部分的能量就被降解为热能而损失掉，这也就是为什么食物链的环节和营养级数一般不会多于6个以及能量金字塔必定呈尖塔形的热力学解释。

三、能量流动的生态效率

生态效率是相邻两个能量转化环节中，后一个环节的能量含量与前一个环节的能量含量的比率。营养级位内的生态效率用于量度一个物种利用食物能的效率；营养级位间的生态效率用于量度营养级位之间的能量转化效率。一些常见的生态效率名称及其计算公式列于表3-1。

由于生态系统中的能量转化存在热损耗，因此，生态系统中的各种生态效率均小于1。一般而言，生态系统中的食物链越长，顶级营养级的生态效率越低。也就是说，食物链越短，能量转化中的损失越小。

表3-1　生态系统中能量转化的生态效率

	名称	比率	说明
营养级位内	同化效率	A_n/I_n	吸收同化的食物能/动物摄食的食物能，或被植物固定的能量/植物吸收的光能
	组织生长效率	P_n/A_n	n营养级的净生产量/n营养级的同化量
	生态生长效率	P_n/I_n	n营养级的净生产量/n营养级的摄食量，即该营养级的生产效率
营养级位间	摄食效率	I_{n+1}/I_n	$n+1$营养级的摄食量/n营养级的摄食量
	生产效率	P_{n+1}/P_n	$n+1$营养级的净生产量/n营养级的净生产量
	消费效率	I_{n+1}/P_n	$n+1$营养级的摄食量/n营养级的净生产量
	林德曼效率	I_{n+1}/I_n 或 A_{n+1}/A_n 或 P_{n+1}/P_n	同化效率、生长效率和消费效率

从同化效率来看，肉食动物通常高于草食动物，这是由于肉食动物的食物质量高，易于消化吸收，而且食物的化学组成也更接近其动物体组织，更易于被同化利用。但肉食动物由于在捕食过程中需消耗大量能量，所以其生长效率反而常常低于草食动物。

一般情况下，植物的生长效率常常高于动物。植物光合作用固定的能量中，约60%可用于生长；而动物同化能量中，60%以上被用于呼吸作用。而且动物所处的营养级位越高，其生长效率越低。例如，昆虫的营养级位较低，其呼吸消耗也较少，用于呼吸的同化能量为63%～84%；而营养级位较高的哺乳动物，呼吸作用消耗的能量占同化能的97%～99%，形成净生产量的能量仅占其同化能的1%～3%。

此外，动物体型大小、年龄等也影响其生长效率。通常，小型动物生长效率高于大型动物，幼年动物高于老年动物。在脊椎动物中，恒温动物为维持恒定的体温，呼吸消耗较高，其效率仅为1%～2%；变温动物可达10%。

林德曼效率相当于同化效率、生长效率和消费效率的连乘积，它实际上是两个相邻营养级同化量（或摄食量，或净生产量）之比。根据林德曼的测量结果，这个比值大约为1/10。这就是过去曾被认为是一项重要生态学定律的"十分之一定律"，即每一营养级的能量只有1/10可以转化为后一营养级的能量。但这一数值仅是湖泊生态系统的一个近似值，在其他不同的生态系统中，高者可达30%，低者可能只有1%或更低。

第四节　生态系统的物质循环

一、物质循环的基本概念

物质循环指的是：在生态系统中，各种化学元素（或物质）沿特定的途径从环境到生物体，再从生物体到环境并再次被生物体吸收利用的循环变化的过程，即各种化学元素或物质在生物体与非生物环境之间的循环运转过程。物质循环又称为生物地球化学循环或生物地化循环。

在自然界中，人类已知的元素有 100 多种，生物生长发育中需要的元素大约有 40 种。根据生物需要量的大小，这些元素可分为 3 类：第一类是构成蛋白质的基本元素，如 C、O、H、N 这 4 种元素，称为能量元素或关键元素；第二类是生物需要量较大的元素，称为大量元素，如 P、K、Ca、Mg、S、Fe、Cu、Na 等；第三类元素称为微量元素，如 Zn、B、Mn、Mo、Co、Cr、F、I、Br、Se、Si、Sr、Ti、V、Sn 等。

生物地球化学循环常常用"库"描述，表示物质循环过程中存在的某些生物和非生物中化学元素的含量。

蓄库：每一种化学元素都存在于一个或多个主要的环境蓄库中，该元素在蓄库中的含量远远超过结合在生命系统中的数量。

贮存库：元素从该库里释放的速度是非常缓慢和困难的。

交换库：指大气库。水圈和生物圈之间物质交换与贮存库相反，它们之间的交换非常迅速，而且很活跃，但容量小。

在生态系统运转过程中，除了运转的物质和能量之外，还有一部分属于贮存的物质和能量，包括生产者自身的一部分碳素。它们都暂时地离开了生态系统的循环而贮存起来，但又可以通过岩石的风化分解、化石燃料的燃烧等，再从贮存库里释放出来，加入生态系统。

物质流：这些元素在库与库之间转移，并彼此连接起来，就是物质流动，或称物质循环。

流通：化学元素或物质在库与库之间的转移，叫作流通。单位时间单位面积（或体积）内物质的转移量称为流通率，也有人称之为流通量，一般用单位时间单位面积（或体积）里物质转移的绝对数量来表示。

周转率：单位时间单位面积（或体积）内转移的物质量占贮藏库物质总量的百分比，即贮藏库中化学元素或物质周转的速率。周转率可以用下式表示：

$$周转率=流通率/贮藏库营养物质总量 \tag{3-8}$$

周转时间：贮藏库中营养物质全部周转一次所需要的时间，它是周转率的倒数，即：

$$周转时间=贮藏库营养物质总量/流通率 \qquad (3-9)$$

循环物质的周转率和周转时间与其库容大小有关，在流通量不变的情况下，库容越大，其周转率越低，周转时间越长。如在大气圈中，水的周转时间为 10.5 天，即一年可更新 34 次，CO_2 的周转时间是一年多一些，氮素的周转时间则需要 100 万年；在海洋中，硅的周转时间最短，为 800 年，钠最长，达 2.06 亿年。

生物库的物质周转率常常称为更新率。某一特定时刻的生物现存量相当于生物库这一时刻的库容，在这一特定时刻之前的生物生长量相当于生物库的物质输入量。不同生物的更新率常常具有很大差别。例如，1 年生植物生育期结束时的最大现存量与其总生长量大体相同，更新率接近于 1，更新时间为 1 年；而森林的现存量是几十年甚至几百年时间的净积累量，所以比年净生产量大得多。假如某一森林的现存量为 324 t/hm²，年净生产量为 28.6 t/hm²，其更新率约为 0.09（28.6/324），更新时间为 11.3 年。浮游生物由于生活周期短而现存量很低，但年生产量却很高，所以其更新率高，更新时间短。

二、物质循环的类型

生态系统的物质循环可分为三大类型，即水循环、气体循环和沉积循环。

（一）水循环

水循环是指大自然的水通过蒸发、植物蒸腾、水汽输送、降水、地表径流、下渗、地下径流等环节，在水圈、大气圈、岩石圈、生物圈中进行连续运动的过程。水循环是由太阳能推动的，大气、海洋和陆地形成一个全球性水循环系统，并成为地球上各种物质循环的中心。水的主要蓄库是海洋。水在循环过程中能够溶解和携带大量的营养物质，将各种营养物质从一个生态系统搬运到另一个生态系统，这对某些生态系统补充营养物质起着重要作用。

（二）气体循环

气体循环是指元素以气态的形式在大气中循环，又称"气态循环"。气体循环速度比较快，物质来源充沛，不会枯竭。在气体循环中，物质的主要储存库是大气和海洋，其循环与大气和海洋密切相连，具有明显的全球性，循环性能最为完善。

1.碳循环

碳是构成一切有机物的基本元素，约占生物总质量的25%。在无机环境中，碳以二氧化碳和碳酸盐的形式存在。碳循环的主要流程如下。

（1）大气圈→生物群落→大气圈、岩石圈。绿色植物通过光合作用将吸收的太阳能固定于碳水化合物中，这些化合物再沿食物链传递，植物与动物在获得含碳有机物的同时，有一部分碳水化合物通过呼吸作用回到大气中。动物死亡后，经微生物分解产生二氧化碳也回到大气中，再被植物利用。

（2）岩石圈→大气圈。生物残体埋藏在地层中，经过漫长的地质作用形成煤、石油和天然气等化石燃料。它们通过燃烧和火山活动放出大量二氧化碳，进入大气。土壤中容纳的一部分二氧化碳被释放出来；一部分化石燃料被细菌（比如嗜甲烷菌）分解生成二氧化碳回到大气圈；一部分化石燃料被人类开采利用，经过一系列转化，最终形成二氧化碳，被释放到大气圈。

（3）大气与海洋的二氧化碳交换。海水中可以溶解大量二氧化碳并以碳酸盐的形式贮存起来，碳酸盐也会分解形成二氧化碳，因此可以帮助调节大气中二氧化碳的质量分数。

在生态系统中，碳循环的速度很快，有的只需几分钟或几小时，一般多在几个星期或几个月内即可完成。在整个碳循环过程中，二氧化碳的固定速度与生成速度保持平衡、大致相等，但随着人类大量开采化石燃料，打破了碳循环的平衡，导致大气中二氧化碳的质量分数迅速增长，这是引起温室效应的重要原因。

2.氮循环

虽然大气中富含氮元素，但是植物却不能直接利用，只有经固氮作用转化为氨后其才能被植物吸收，并用于合成蛋白质和其他含氮有机质。

氮的固定指的就是通过自然或人工方法，将氮气固定为其他可利用的化合物的过程。大气中的氮进入生物有机体的主要途径有四种：①生物固氮（豆科植物、细菌、藻类等）；②工业固氮（合成氨）；③岩浆固氮（火山活动）；④大气固氮（闪电、宇宙线作用）。

氮被固定后，土壤中的各种微生物可以通过化能合成作用参与循环。进入植物体内的氮化合物与复杂的碳化合物结合形成氨基酸，随后形成蛋白质和核酸，构成植物有机质的重要组成部分。植物死亡后，一部分氮直接回归土壤，经微生物分解重新被植物利用；另一部分氮作为食物进入动物体内，动物的排泄物和尸体经微生物分解后回归土壤或大气；还有少部分动植物尸体形成石油等化石燃料，石油等化石燃料最终被微生物分解或被人类利用，氮元素也随之变成氮气回到大气中，从而完成氮循环。

（三）沉积循环

沉积循环是指参与循环的物质主要是通过岩石的风化和沉积物的分解转变为可被生态系统利用的营养物质的循环。在沉积循环中，物质的主要储存库是土壤、沉积物和岩石。海底沉积物转化为岩石圈成分则是一个缓慢的、单向的物质移动过程，时间要以数千年计。属于沉积循环的物质有磷、硫、钙、钾、钠、碘等。

1.磷循环

磷循环属于典型的沉积循环。自然界的磷主要存在于各种沉积物中，通过风化进入水体，在生物群落循环，最后大部分进入海洋沉积。虽然部分海鸟的粪便可以将磷重新带回陆地（瑙鲁岛上存在大量此类鸟粪），但大部分磷还是永久性地留在了海底的沉积物中无法继续循环。磷是较典型的沉积循环物质，它从岩石中释放出来，最终又沉积在海底并转化为新的岩石。

2.硫循环

地球中的硫大部分储存在岩石、矿物和海底沉积物中，以黄铁矿、石膏和水合硫酸钙的形式存在。大气圈中天然源的硫包括硫化氢、二氧化硫和硫酸盐。硫化氢来自火山活动、沼泽、稻田和潮滩中有机物的嫌气（缺氧）分解等途径；二氧化硫来自火山喷发的气体；大气圈中硫酸盐（如硫酸铵）则来自海浪花的蒸发。硫循环的主要过程为：①岩石圈→大气圈、水圈；②岩石圈、水圈→生物群落；③重新沉积。

生态系统中的物质循环，一般处于稳定的平衡状态。碳和氮等元素的气体循环，由于有很大的大气蓄库，它们对于短暂的变化能够进行迅速的自我调节；而硫、磷等元素的沉积物循环则易受人为活动的影响，这是因为地壳中的硫、磷蓄库比较稳定和迟钝，不易被调节。

三、物质循环的特点

（1）物质循环与能量流动相辅相成，不可分割。在生态系统中，能量是物质循环的推动力，物质是组成生物体的原材料和能量的载体。生产者通过光合作用固定光能并通过食物链进行能量转化的过程，也是物质由简单无机态转化为复杂有机态，再回到简单无机态的过程。因此，物质循环和能量流动是生态系统不可分割的两个基本功能。任何生态系统的发生发展都是物质循环与能量流动共同作用的结果。

虽然物质和能量在转化过程中只会改变形态而不会被消灭，但是，在能量流动过程中，大量能量转化为热能散失于环境中，所以能量只能单向流动，而物质却可以在生态系统中反复被利用。

（2）物质循环的富集作用和生物学放大作用。在生态系统中，生物逆着浓度从环境中吸收有毒和有害物质的作用为生物富集作用。当这些物质的浓度沿着食物链逐步升高（浓缩或放大）而不被生物排出，就会使顶级消费者受害，这就是生物学放大作用。如DDT、六六六等一些大分子有机化合物，以及汞、铝、镉、铅等重金属等均具有此类生物富集作用和生物学放大作用。

（3）水循环推动其他物质循环。水循环对其他物质的循环运动具有决定性作用。许多物质必须以水溶液的形式才能被植物吸收利用进而进入生态系统，并经过食物链进行传递。因此，物质的循环与水循环的关系密不可分，水循环是物质循环的基础。正是在水循环的推动下，物质才实现了在各个营养库间的转移。

（4）生态系统对物质循环有调节作用。在自然状态下，生态系统中的物质循环一般处于稳定的平衡状态，这是由于生态系统对物质循环有一定的调节作用。大多数气体型循环物质如碳、氧和氮，由于其大气贮库很大，对循环过程中发生的变化能够进行迅速的自我调节。例如，大量燃烧化石燃料引起 CO_2 浓度增加，会引起绿色植物加强光合作用，从而增加对 CO_2 的吸收量，使其浓度迅速降低到原来水平，重新达到平衡。但生态系统对物质循环的调节能力有很大的局限性。例如，S、P 等沉积循环的物质，由于其主要贮藏库活性很弱，从贮藏库释出的速度极慢，所以，当此类物质的循环出现波动时，就难以通过生态系统的调节作用迅速恢复平衡。

第五节　生态系统的信息传递

一、信息流动的概念

在生态系统能量流动与物质循环的同时有信息的流动。信息的流动既需要能量的支持，也需要物质作媒介。

二、信息的类型

信息的类型主要有物理信息和化学信息，对于生物而言还有行为信息和营养信息。

（1）物理信息：包括光、声、电和磁等。

①光信息。光信息主要是由太阳辐射带来的，通过折射、贮存、再释放等过程构成初等信息源。但是，并非所有的光信息都来自太阳或其派生。例如，有些候鸟的迁徙，在夜间是要依靠星座确定方位的。

②声信息。蝙蝠和鲸类在弱光条件下主要靠声呐来定位；声信息对于动物的生存至关重要，很多种类的动物依靠声信息进行捕食、繁殖和逃生；声信息对于植物也有影响，如含羞草在强声信息的刺激下会表现出小叶合拢的行为。

③电信息。有 300 多种鱼类能够产生 $0.2\sim2\,V$ 的电压，而电鳗能够产生 $600\,V$ 的电压。所以很多种类的生物对电信息有较强的感知能力。虽然我们对于植物电信息认识很少，但是科学家已经利用活细胞的膜的静电位进行了遗传改造。

④磁信息。如同电信息一样，磁信息对生物的影响也很明显。例如，洄游的鱼和迁徙的鸟要依靠地球的磁场定位。也有很多实验表明，植物对于磁场也有明显的反应。例如，在磁场异常的地区生长的小麦、黑麦、玉米、向日葵和一年生牧草的产量比正常的地区要低。

（2）化学信息：包括复杂的高分子化学物质和简单的无机分子信息，通过化学信息协调生态系统中各个水平的功能。

（3）行为信息：由生物的行为引起的物理信息和化学信息的综合信息。

（4）营养信息：由生物的食物链营养关系构成的信息。

三、信息流动的特征

（1）信息流的流动是双向或多向的，这样才使生态系统有了主动调节机制。

（2）信息流的多样性：生物信息和非生物信息以及信息媒介的多样性。

（3）信息流的复杂性：同一体态不同信息，或是诱惑或是驱避。

（4）信息流的大量性：对蛋白质和基因结构的功能的研究表明，生物储存有大量的信息，人们发现每个物种有 100 万～100 亿 bit 的信息。

第六节　生态平衡与调节机制

一、生态平衡的概念

生态平衡是指在一定的时间和相对稳定的条件下，生态系统的结构与功能均处于相互适应与协调的动态平衡。也可以说，生态平衡是生态系统通过发育和调节所达成的一种稳定状态，它包括结构、功能、输入与输出的稳定等。

从上述定义可以看出，生态平衡可以从不同的角度加以判别。例如，根据生物有机体与环境之间的统一性来看，生态平衡即生物有机体与环境之间协调一致的稳定状态；根据生态系统中输入—输出平衡来看，生态平衡即生态系统中能量与物质的流入与流出的平衡状态。

一般而言，生态平衡是生态系统内各种类成分相互作用的结果。生态系统平衡与否，与生态系统内种类构成的丰富程度和数量的稳定程度有关。一个种类构成丰富的生态系统，当一种或少数几种生物出现数量波动时，其他生物受到的影响相对较小，因此，种类构成丰富的生态系统平衡程度也较高。这种生态平衡随着生态系统中组成成分数量的增加而增加的观点被称为"多样性导致稳定性定律"。

总之，生态平衡是生态系统的一种存在状态。在这种状态下，生态系统的组成、结构相对稳定，系统的功能得以充分发挥，物质与能量的流入、流出协调一致，生物有机体与环境协调一致。

二、生态平衡的调节机制

生态系统保持自身稳定的能力被称为生态系统的自我调节能力。生态系统自我调节能力的强弱是由多方面因素共同作用体现的。一般来说，成分多样、能量流动和物质循环途径复杂的生态系统自我调节能力强；反之，结构与成分单一的生态系统自我调节能力就相对较弱。生态平衡的调节机制主要是通过系统的反馈机制和稳定性机制实现的。

（一）反馈机制

反馈机制分为负反馈调节和正反馈调节。

1.负反馈调节

负反馈调节是生态系统自我调节的基础，它是一种抑制性调节机制。要使系统维持稳态，只有通过负反馈调节机制，即系统的输出变成了决定系统未来功能的输入。负反馈调节的意义就在于通过自身的功能减缓系统内的压力，以维持系统的稳态。例如，在草原生态系统中，食草动物瞪羚数量的增加，会引起其天敌猎豹数量的增加和草数量的下降，两者共同作用会引起瞪羚种群数量下降，以维持生态系统中瞪羚数量的稳定。

2.正反馈调节

正反馈调节是一种促进性调节机制，它能打破生态系统的稳定性，使系统更加偏离平衡位置，不能维持系统的稳态。通常正反馈调节的作用小于负反馈调节，但在特定条件下，两者的主次关系也会发生转化，赤潮的爆发就是此类例子。

（二）稳定性机制

稳定性包括抵抗力和恢复力。抵抗力是生态系统抵抗并维持系统结构和功能原状的能力。恢复力是生态系统遭到外界干扰破坏后，系统恢复到原状的能力。抵抗力稳定性高的生态系统有较强的自我调节能力，生态平衡不易被打破。过于复杂的生态系统（比如热带雨林）的恢复力稳定性并不高，原因是其复杂的结构需要很长的时间来重建。而自我调节能力过低的生态系统（比如冻原和荒漠）几乎没有恢复力稳定性，只有调节能力适中的生态系统有较高的恢复力稳定性，如草原的恢复力稳定性就是比较高的。

第七节　世界主要生态系统的类型

一、森林生态系统

森林是以乔木为主体，具有一定面积和密度的植物群落，是陆地生态系统的主干。森林群落与其环境在功能流的作用下形成的具有一定结构、功能的自然综合体就是森林生态系统。它是陆地生态系统中面积最大、最重要的自然生态系统。世界上不同类型的森林生态系统，都是在一定气候、土壤条件下形成的。依据不同气候特征和相应的森林群落，森林生态系统可划分为热带雨林生态系统、常绿阔叶林生态系统、落叶阔叶林生态系统和针叶林生态系统等主要类型。

据专家估测,历史上森林生态系统的面积曾达到 76 亿 hm^2,占世界陆地面积的 60%。在人类大规模砍伐之前,世界森林面积约为 60 亿 hm^2,占陆地面积的 45.8%。如今,森林面积下降到 41.47 亿 hm^2,占陆地面积的 31.7%。森林生态系统现在仍为地球上分布最广泛的生态系统,它在地球自然生态系统中占有首要地位,在净化空气、调节气候和保护环境等方面起着重大作用。森林生态系统结构复杂、类型多样,但仍具有以下共同特征。

(一) 物种繁多、结构复杂

森林生态系统保持着最高的物种多样性,是世界上最丰富的生物资源库和基因库,其中,热带雨林生态系统就约有 200 万～400 万种生物。我国森林物种调查仍在进行中,新记录的物种不断增加。如西双版纳,面积只占全国的千分之二,然而,据目前所知,仅陆栖脊椎动物就有 500 多种,约占全国同类物种的 25%。又如我国长白山自然保护区,植物种类亦很丰富,约占东北植物区系近 3 000 种植物的 1/2 以上。

森林生态系统比其他生态系统复杂,具有多层次,有的多达 7～8 个层次。一般可分为乔木层、灌木层、草本层和地面层等四个基本层次。森林具有明显的层次结构,层与层纵横交织,显示出系统的复杂性。

森林中还生存着大量的野生动物:有象、野猪、羊、牛、啮齿类、昆虫和线虫等植食动物;有田鼠、蝙蝠、鸟类、蛙类、蜘蛛和捕食性昆虫等一级肉食动物;有狼、狐、鼬和蟾蜍等二级肉食动物;有虎、豹、鹰和鹫等凶禽猛兽;此外还有杂食动物和寄生动物等。因此,以林木为主体的森林生态系统是个多物种、多层次、营养结构极为复杂的系统。

(二) 生态系统类型多样

森林生态系统在全球各地区都有分布,森林植被在气候条件和地形地貌的共同作用和影响下,既有明显的纬向水平分布带,又有山地的垂直分布带,是生态系统中类型最多的。如世界森林生态系统分布从低纬度到高纬度分别为热带雨林、亚热带常绿阔叶林、温带混交林和温带落叶阔叶林,以及亚寒带针叶林。不同的森林植被带内有各自的山地森林分布的垂直带。例如，位于我国中部的秦岭森林有明显的垂直分布规律。

森林生态系统有许多类型，形成多种独特的生态环境。高大乔木宽大的树冠能保持温度的均匀，变化缓慢；在密集树冠内，树干洞穴、树根隧洞等都是动物栖息场所和理想的避难所。许多鸟类在林中筑巢，森林生态系统的安逸环境有利于鸟类育雏和繁衍后代。

森林生态系统具有多样性，多种多样的种子、果实、花粉、枝叶等大都是林区哺乳动物和昆虫的食物，地球上种类繁多的野生动物大多数就生存在森林之中。

（三）生态系统的稳定性高

森林生态系统经历了漫长的发展历史，系统内部物种丰富、群落结构复杂，各类生物群落与环境相协调。群落中各个成分之间、各成分与其环境之间相互依存和制约，保持着系统的稳态，并且具有很高的自行调控能力，能自行调节和维持系统的稳定结构与功能，保持着系统结构复杂、生物量大的属性。森林生态系统内部的能量、物质和物种的流动途径通畅，系统的生产潜力得到充分发挥，对外界的依赖程度很小，输入、存留和输出等各个生态过程保持相对平衡。森林植物从环境中吸收其所需的营养物质，一部分保存在机体内进行新陈代谢活动，另一部分形成凋谢的枯枝落叶，将其所积累的营养元素归还给环境。通过这种循环，森林生态系统内大部分营养元素达到收支平衡。

（四）生产力高、现存量大、对环境影响大

森林具有巨大的林冠，伸张在林地上空，似一顶屏障，使空气流动变小，气候变化也变小。据统计，每公顷森林年生产干物是 12.9 t，而农田是 6.5 t，草原是 6.3 t。森林生态系统不仅单位面积的生物量最高，而且总生物量约为 1.680×10^{12} t，占陆地生态系统总生物量（约为 1.852×10^{12} t）的 90% 左右。

森林生态系统在全球环境中发挥着重要的作用：是养护生物最重要的基地；可大量吸收二氧化碳；是重要的经济资源；在防风沙、保水土、抗御水旱和风灾方面有重要的生态作用；等等。

二、草地生态系统

草地与森林一样，是地球上重要的陆地生态系统类型之一。草地群落以多年生草本植物占优势，辽阔无林，在原始状态下常有各种善于奔驰或营洞穴生活的草食动物栖居其上。

草地可分为草原与草甸两大类。前者由耐旱的多年生草本植物组成，在地球表面占据特定的生物气候地带；后者由喜湿润的中生草本植物组成，出现在河漫滩等低湿地和林间空地，或为森林破坏后的次生类型，可出现在不同的生物气候地带。在此重点介绍地带性的草原，它是地球上草地的主要类型。

草原是内陆干旱到半湿润气候条件的产物，以旱生多年生禾草占绝对优势，多年生杂草及半灌木也或多或少起到显著作用。世界草原总面积约为 2.4×10^7 km^2，为陆地总面积的六分之一，大部分地段作为天然放牧场。因此，草原不但是世界陆地生态系统的主要类型，而且是人类重要的放牧、畜牧业基地。

根据组成和地理分布，草原可分为温带草原与热带草原两类。前者分布在南北两半球的中纬度地带，如欧亚大陆草原、北美草原和南美阿根廷草原等。这里夏季温和，冬季寒冷，春季或晚夏有一明显的干旱期。由于低温少雨，草较低，以耐寒的旱生禾草为主，土壤中以钙化过程与生草化过程占优势。后者分布在热带、亚热带，其特点是在高大禾草的背景上常散生一些不高的乔木，故被称为稀树草原或萨瓦纳。这里终年温暖，雨量常达 1 000 mm 以上，在高温多雨影响下，土壤强烈淋溶，以砖红壤化过程占优势，比较贫瘠，但一年中存在一到两个干旱期，加上频繁的野火，限制了它的发育。

纵观世界草原，虽然从温带分布到热带，但它们在气候坐标轴上却占据固定的位置，并与其他生态系统类型保持特定的联系。在亚寒带，年降雨量150～200 mm 地区已有大面积草原分布，而在热带，这样的雨量下只有荒漠。水分与热量的组合状况是影响草原分布的决定性因素，低温少雨与高温多雨的配合有着相似的生物学效果。概言之，草原处于湿润的森林区与干旱的荒漠区之间。靠近森林一侧，气候半湿润，草群繁茂，种类丰富，并常出现岛状森林和灌丛，如北美高草草原、南美的潘帕斯群落、欧亚大陆的草甸草原，以及非洲的高稀树草原。靠近荒漠一侧，雨量减少，气候变干，草群低矮稀疏，种类组成简单，并常混生一些旱生小半灌木或肉质植物，如北美的矮草草原、我国的荒漠草原，以及俄罗斯欧洲部分的半荒漠等。在上述两者之间为辽阔而典型的禾草草原。总的来看，草原因受水分条件的限制，其动物区系的丰富程度及生物量均比森林低，但明显比荒漠高。

草原的净初级生产力变动较大：对温带草原而言，据统计，从荒漠草原 0.5 t/（hm² •a）到草甸草原 15 t/（hm² •a）；热带稀树草原生产力高一些，从 2 t/（hm² •a）到 20 t/（hm² •a），平均达 7 t/（hm² •a）。在草原生物量中，地下部分常常大于地上部分，气候越是干旱，地下部分所占比例越大。值得指出的是，土壤微生物量通常很高。如加拿大南部草原，当植物生物量为 438 g/m² 时，30 cm 土层内土壤微生物量达 254 g/m²；我国内蒙古草原土壤生物的取样分析结果也与之相近。

关于草原生态系统中能量沿食物链而流动的情况可用戈利（F. B. Golley）在美国密歇根地区对禾草草原的研究说明。这是一个极简化的食物链，生产者为禾草，一级消费者为田鼠及蝗虫，二级消费者为黄鼠狼。植物对太阳能的利用率约为 1%，田鼠约消费植物总净初级生产力的 2%，由田鼠转移给黄鼠狼约 2.5%，大部分能量损失于呼吸消耗。

在热带稀树草原上，植物组成的饲料价值不高，植物中含有大量纤维和二氧化硅，氮、磷含量很低，氨仅为 0.3%～1%，磷仅为 0.1%～0.2%。因此，初级生产力虽高，但草原动物生物量仍很低。如非洲坦桑尼亚稀树草原上，主要草食动物为野牛、斑马、角马、羚羊与瞪羚，当植物量为 24 t/hm² 时，草食动物量仅为 7.5 kg/hm²。

三、河流生态系统

河流生态系统是指那些水流流动湍急和流动较大的江河、溪涧和水渠等，贮水量大约占内陆水体总水量的 0.5%。河流生态系统主要特点有：

（1）水流不停。这是河流生态系统的基本特征。河流中不同部分和不同时间的水流有很大的差异。同时，河流的不同部分（上游、下游等）也分布着不同的生物。

（2）陆水交换。河流的陆水连接表面的比例大，即河流与周围的陆地有较多的联系。河流、溪涧等形成了一个较为开放的生态系统，成为联系陆地和海洋生态系统的纽带。

（3）氧气丰富。由于水经常处于流动状态，而且河流深度小，和空气接触的面积大，致使河流中经常含有丰富的氧气。因而，河流生物对氧的需求较高。

河流生物群落一般分为两个主要类型：急流生物群落和缓流生物群落。在流水生态系统中，河底的质地，如沙土、黏土和砾石等对于生物群落的性质、优势种和种群的密度等影响较大。

急流生物群落是河流的典型生物代表。它们一般都具有流线型的身体，以便在流水中产生最小的摩擦力；许多急流动物具有非常扁平的身体，使它们能在石下和缝隙中得到栖息。此外，它们还有其他一些适应性特征：

（1）持久地附着在固定的物体上。如附着的绿藻、刚毛藻、硅藻铺满河底的表面。少数动物是固着生活的，如淡水海绵以及把壳和石块粘在一起的石蚕。

（2）具有钩和吸盘等附着器，以使它们能紧附在物体的表面。如双翅目的庐山蚋和网蚊的幼虫。庐山蚋不仅有吸盘，而且还有丝线，可以缠住其他物体。

（3）黏着的下表面。如扁形动物涡虫等能以它们黏着的下表面黏附在河底石块的表面。

（4）趋触性。有些河流动物具有使身体紧贴其他物体表面的行为。如河流中石蝇幼虫在水中总是和树枝、石块或其他物体接触。如果没有可利用的物体，它们就彼此抱在一起。

四、湖泊生态系统

（一）湖泊生态系统的基本特征

1.边界明显

一般来说湖泊的边界明显，远比陆地生态系统易于划定，在能量流、物质流过程中属于半封闭状态，所以常作为生态系统功能的研究对象。

2.面积较小

世界湖泊主要分布在北半球的温带和北极地区，除了少数湖泊具有很大的面积（如苏必利尔湖、维多利亚湖）或深度（如贝加尔湖、坦噶尼喀湖）之外，大多数湖泊规模都较小。我国绝大多数湖泊的面积不足 50 km²。按照成因，湖泊可以分为构造湖、火山湖、河成湖、风成湖、海湾湖等。不同成因的湖泊其轮廓是不同的，具有不同的形态。

3.湖泊的分层现象

北温带湖泊的热分层现象非常明显。湖泊水的表层为湖上层，底层为湖下层，两层之间形成一个温度急剧变化的层次，为变温层。湖泊系统的温度和含氧量的功能随地区和季节而变动。以温带地区湖泊为例，春季气温升高，湖水解冻后，水的各层温度都在 4 ℃左右，其含氧量除表面略高和底部略低外，均接近 13 mL/L；进入夏季，湖面吸收热量，湖上层温度上升，可达 25 ℃左右，但这时湖下层温度仍保持在 4 ℃，而在上、下层之间的变温层的温度则不断发生急剧变化；当从夏季转入秋季，湖上层温度下降，直至表层与深水层温度相等，最终湖下层与湖上层的温度倒转过来；当温度继续下降到冰点，湖上层水温反而比湖下层水温低，这时，湖上层有一层冰覆盖。这种生态系统内部的循环有明显的规律。

4.水量变化较大

湖泊水位变化的主要原因是进出湖泊水量的变化。生态调查常依据湖泊水位的年变化，多定为 3 次取样。我国一年中最高水位常出现在多雨的 7—9 月，称丰水期；而最低水位常出现在少雨的冬季，称枯水期。水位变幅大，湖泊的面积和水量的变化就大，常出现"枯水一线，洪水一片"的自然景象。

5.演替、发育缓慢

淡水生态系统发育的基本模式是从贫营养到富营养和由水体到陆地。

（二）湖泊生物群落

湖泊生物群落具有成带现象的特征，可以按区域划分为三个明显的带：沿岸带生物群落、敞水带生物群落和深水带生物群落。

1.沿岸带生物群落

这一带是光线能透射到的浅水区。

（1）生产者

沿岸带的生产者主要有两大类：有根的或底栖的植物和浮游或漂浮植物。

沿岸带内典型的有根水生植物形成同心圆带并随着水的深度而变化，一个类群取代另一个类群，顺序为：挺水植物带—漂浮植物带—沉水植物带。

挺水植物主要是有根植物。光合作用的大部分叶面伸出在水面之上。如芦苇、莲等。

漂浮植物的叶子掩蔽在水面上。如睡莲和菱角。

沉水植物是一些有根或固生的植物，它们完全或主要沉在水中。如眼子菜、金鱼藻和苦草等。

沿岸带的无根生产者由许多藻类组成，主要类型是硅藻、绿藻和蓝藻。其中有些种类是完全漂浮性的，而另一些种类则附着于有根植物或者和有根植物有密切的联系。

（2）消费者

沿岸带的动物种类较多，所有淡水中有代表性的动物门都分布于这一带，附生生物一般有池塘螺类、蜉蝣和蜻蜓幼虫、轮虫、扁虫、苔藓虫和水螅等。

游泳生物中种类和数量较多的是昆虫。龙虱属是水中的强悍者，常捕食小鱼，吸食其体液。蝎蝽科用镰刀形的前足捕捉水中小生物。仰泳蝽科亦是肉食者，而蚜科、沼梭甲科和划蝽科至少有一部分是草食性或腐食性的。两栖类脊椎动物如蛙、龟、水蛇等亦是沿岸带的主要成员。鱼类则是沿岸带和敞水带的优势类群。

水中的浮游动物一般数量较大。浮性较差的甲壳类，在不主动游泳、活动时，它们的附肢常缠附在植物上或栖息于底部。沿岸带常见浮游动物的种类有介形类以及轮虫类等。

2.敞水带生物群落

开阔水面的浮游植物生产者主要是硅藻、绿藻和蓝藻。大多数种类是微小的，它们在单位面积的生产量有时超过了有根植物。这一带浮游植物种群数量具有明显的季节性变化。

浮游动物由少数几类动物组成，但其个体数量相当多。桡足类、枝角类和轮虫类在其中占重要位置。我国人工经营的水体中，鱼类（鲢和鳙）已成为优势种群。

3.深水带生物群落

这一水区基本上没有光线，生物主要从沿岸带和湖沼带获取食物。深水带生物群落主要由水和淤泥中间的细菌、真菌和无脊椎动物组成。主要的无脊椎动物有摇蚊属的幼虫、环节动物颤蚓、小型蛤类和幽蚊幼虫等。这些生物都有在缺氧环境下生活的能力。

五、海洋生态系统

海洋蓄积了地球上 97.5% 的水，面积约为 $3.6 \times 10^8 \, \text{km}^2$，平均深度为 2 750 m，最深处在太平洋中的海槽，约为 11 000 m。

（一）海洋生态系统的主要特征

1.生产者均为小型生物

生产者主要由体形极小、数量极大、种类繁多的浮游植物和微生物所组成。之所以由小型浮游生物组成食物网的基础，主要是因为：①海水的密度使得植物没有发育良好的支持结构，这有利于小型植物而不利于大型个体。②海水在不断地小规模地相对运动，任何一个自由漂浮植物必须依赖于水中的分子扩散来获取营养物质和排除废物。在这种情况下，体形小和自主运动就很有利，而一群细胞集成的一个大的结构就比同样一些细胞单独分开要差得多。③海洋中大规模环流不断地把漂浮的植物冲出它们最适宜的区域，同时又常有一些个体被带回来更新这些种群。对于小型植物来说，完成这一必要的返回机制比大型植物有利得多；同时小型单细胞植物还能够随水下的逆流，暂时地摄食食物颗粒，或以溶解的有机物质为营养。

2.海洋为消费者提供了广阔的活动场所

海洋动物比海洋植物更加丰富。这是因为：①海洋面积大，为海洋动物提供了宽广的活动场所；海洋中有大量的营养物质，是海洋动物吃不完的食物。②海洋条件复杂，有浅有深，有冷有暖，在多样的生活环境下，形成了种类各异、数量繁多的海洋动物。

3.生产者转化为初级消费者的物质循环效率高

在海洋上层，浮游植物和浮游动物的生物量大约为同一数量级。浮游植物的生产量几乎全部为浮游动物所消费，运转速度很快。但海洋生态系统的生产力远低于陆地生态系统。消费者，特别是初级消费者有许多是杂食性种类，在数量的调节上起着一定作用。

4.生物分布的范围很广

海洋面积很大，而且是连续的，几乎到处都有生物。

（二）海洋环境的主要特点

1.海洋是巨大的

海洋覆盖 70%以上的地球表面，所有海洋都是相连的。世界海洋总的布局是环绕南极洲有一个连续带，然后向北延伸出三个大洋，即太平洋、大西洋和印度洋。北冰洋为第四大洋。

2.海洋有连续和周期性的循环

世界上的海和洋都是相互沟通、连接成片的。海洋产生一定的海流。一般来说，海流在北半球以顺时针方向流动，而在南半球则以逆时针方向流动。海洋有潮汐，潮汐的周期大约是 12.5 h。潮汐在海洋生物特别稠密而繁多的沿岸带特别重要，潮汐使这里的海洋生物群落形成明显的周期性。

3.海水含有盐分

一般情况下，海水中各种盐类的总含量为 3%～3.5%，其中以 NaCl 为主，约占 78%，$MgCl_2$、KCl 等共占 22%。海水盐度可低至 1%～2%。我国渤海近岸盐度为 2.5%～2.8%，东海和黄海为 3%～3.2%，南海为 3.4%。

4.海洋是一个容纳热量的"大水库"

夏天海水把热量储存起来，到了冬天，海水又把热量释放出来。所以，海洋对整个大气圈具有重要的调节作用。

（三）海洋生物

海洋生物分为浮游生物、游泳生物和底栖生物三大生态类群，种类十分丰富。

1.浮游生物

海洋中的浮游生物多指在水流运动的作用下，被动地漂浮于水层中的生物类群，一般体积微小、种类多、分布广，遍布于整个海洋的上层。

浮游生物根据其营养方式可分为浮游植物和浮游动物。

浮游植物是海洋中的生产者。种类组成较复杂，主要包括原核生物中的细菌和蓝藻，真核生物中的单细胞藻类，如硅藻、甲藻、绿藻、金藻和黄藻等。

赤潮是海水受到赤潮生物污染而变色的一种现象。这种污染使海洋多呈红色斑块状或条带状，故称赤潮。由于赤潮生物种类和数量的不同，赤潮的颜色也有差异。如由夜光藻所形成的赤潮呈桃红色，而由大多数由甲藻所形成的赤潮多呈褐色或黄色。据统计，赤潮生物的种类已有 150 种之多，我国亦已发现 40 多种。常见的赤潮生物有：裸甲藻、短裸甲藻、海洋原甲藻、骨条藻、卵形隐藻和夜光藻等。部分赤潮生物是无毒的，但有的赤潮生物可在海水中释放毒素。所以，赤潮不仅严重危害渔业资源，而且也威胁着人类的生命安全。

海洋浮游动物指多种营异养生活的浮游生物，它们在食物网中参与几个营养阶层，有植食的，有肉食的，还有食碎屑的和杂食性的，等等。浮游动物的种类比浮游植物复杂得多，主要成员是节肢动物中的桡足类和磷虾类。这些动物虽然会自己运动，但动作很缓慢，它们常聚集成群，浮在海水表层，随波逐流。

2.游泳生物

游泳生物是一些具有发达运动器官、游泳能力很强的动物。海洋中的鱼类、大型甲壳动物、龟类、哺乳类（鲸、海豹等）和海洋鸟类等属于游泳动物。这个类群组成食物链的二级和三级消费者。海洋中游泳动物的种类与数量都非常多，个体一般都比较大，游泳速度亦很快。如须鲸最大个体体长 30 m 以上，体重约 150 t。海豚游泳速度可达 90 km/h 以上。

鱼类是游泳动物中的主要成员。在汪洋大海上、中、下层都有鱼类生活，甚至在 10 000 m 的深海里，也还有鱼类存在。鱼类的种类（约有 2 000 多种）或个体数量都远远超过了其他游泳动物。游泳动物中还有各种虾类,它们虽然常年栖息在海底,但都行动敏捷,善于游泳。头足纲的乌贼,还有鱿鱼和章鱼都是中国海上常见的游泳动物。

　3.底栖生物

底栖生物是一个很大的水生生态类群,种类很多,包括一些较原始的多细胞动物,如海绵和海百合。

根据生活方式底栖生物可以分为:固着生活的种类、底埋生活的种类、穴居生活的种类和钻蚀生活的种类等。

六、湿地生态系统

湿地生态系统是指地表过湿或常年积水,生长着湿地植物的地区。湿地是开放水域与陆地之间过渡性的生态系统,它兼有水域和陆地生态系统的特点,具有独特的结构和功能。

全世界湿地约有 5.14 亿公顷,约占陆地总面积的 6%。湿地在世界上的分布,北半球多于南半球,多分布在北半球的欧亚大陆和北美洲的亚北极带、寒带和温带地区。南半球湿地面积小,主要分布在热带和部分温带地区。加拿大湿地面积居世界之首,约 1.27 亿公顷,占世界湿地面积的 24%,美国有湿地 1.11 亿公顷,之后是俄罗斯、中国、印度等。中国湿地面积约占世界湿地面积的 11.9%,居亚洲第一位,世界第四位。

湿地生态系统分布广泛,形成不同类型。有的以优势植物命名,如芦苇沼泽、苔草沼泽、红树林沼泽等。湿地环境中有机物难以分解,故多泥炭积累,湿地常呈现一定的发育过程。随着泥炭的逐渐积累,矿质营养由多到少,因此有富养(低位)沼泽、中养(中位)沼泽和贫养(高位)沼泽之分。

富养沼泽是沼泽发育的最初阶段。水源补给主要是地下水,水流带来大量矿物质,营养较为丰富。植物主要是苔草、芦苇、蒿草、柳、落叶松和水松等。

贫养沼泽往往是沼泽发育的最后阶段。由于泥炭层增厚,沼泽中部隆起,高于周围,故也称为高位沼泽。贫养沼泽水源补给仅靠大气降水,营养贫乏。植物主要是苔藓植物和小灌木,尤以泥炭藓为优势,形成高大藓丘,所以这类沼泽又称泥炭藓沼泽。

中养沼泽是介于上述两者之间的过渡类型,营养状态中等,既有富养沼泽植物,也有贫养沼泽植物。苔藓植物较多,但未形成藓丘,地表平坦。

湿地生态系统广泛分布在世界各地,是地球上生物多样性丰富、生产量很高的生态系统。它对一个地区、一个国家乃至全球的经济发展和人类生态环境都有重要意义。因此,对于湿地生态系统的保护和利用已成为当今国际社会关注的一个热点。1971年全球政府间的湿地保护公约《关于特别是作为水禽栖息地的国际重要湿地公约》(简称《湿地公约》)诞生,截至2021年7月,已有171个国家和地区加入了《湿地公约》,中国于1992年正式成为该公约缔约国。

《湿地公约》指出,湿地是不论其天然或人工、永久或暂时的沼泽地、湿原、泥炭地或水域地带,常有静止或流动、咸水或淡水、半碱水或碱水水体者,包括低潮时水深不过6 m的海滩水域,还包括河流、湖泊、水库、稻田以及退潮时水深不超过6 m的沿岸带水区。

湿地水文条件成为湿地生态系统区别于陆地生态系统和深水生态系统的独特属性,包括输入、输出、水深、水流方式、淹水持续期和淹水频率。水的输入来自降水、地表径流、地下水、泛滥河水及潮汐(海岸湿地)。水的输出包括蒸散作用、地表径流、注入地下水等。湿地水周期是其水位的季节变化,保证了水文的稳定性。由于湿地处于水、陆生态系统之间,对于水运动和滞留等水文的变化特别敏感。水文条件决定了湿地的物理、化学性质:水的流入总是给湿地注入营养物质;水的流出又经常从湿地带走生物的、非生物的物质。这种水的交流不断地影响和改变着湿地生态系统。

静水湿地和连续深水湿地的生产力都不高。一般来说,具有高的穿水流和营养物的湿地生产力最高。湿地有机物在无氧条件下分解作用进行缓慢。由于生产力高,湿地生态系统分解得慢而输出又少,湿地有机物质便积累下来。湿地生物群落可以通过多种机制影响水文条件,包括泥炭的形成、沉积物获取、蒸腾作用、降低侵蚀和阻断水流,等等。

湿地土壤是湿地的又一主要特征,通常称为水成土,即在淹水或水饱和条件下形成的无氧条件的土壤。湿地土壤中有机物质的有氧降解受到条件的制约,变为几个无氧过程降解有机碳。由厌氧菌进行的发酵作用，将高分子质量的糖类分解成低分子质量的可溶性有机化合物，提供给其他微生物利用。在水的过饱和条件下，动植物残体不易分解，土壤中有机质含量很高。据有关研究表明，泥炭沼泽土的有机质含量可高达 60%～90%。其草根层的潜育沼泽持水能力为 200%～400%，草本泥炭在 400%～800%，藓类泥炭一般都超过 1 000%。

湿地生态系统的另一个特点是过渡性。湿地生态系统位于水陆交错的界面，具有显著的边缘效应。所谓边缘效应是指在两类（此处指水、陆）生态系统的过渡带或两种环境的接合部，由于远离系统中心，所以经常出现一些特殊适应的生物物种，导致这类地带具有丰富的物种。

湿地有一般水生生物所不能适应的周期性干旱，也有一般陆地植物所不能忍受的长期淹水。湿地生态系统的边缘效应不仅表现在物种多样性上，还表现在生态系统结构上，无论其无机环境还是生物群落都反映出这种过渡性。湿地生物群落就是湿地特殊生境选择的结果，其组成和结构复杂多样，生态学特征差异大，这主要是由于湿地生态条件变化幅度很大，不同类型的湿地生境条件存在很大差异。许多湿生植物具有适应于半水半陆生境的特征，如通气组织发达、根系浅、以不定根方式繁殖等；湿生动物也以两栖类和涉禽类占优势，涉禽类具有长嘴、长颈、长腿，以适应湿地的过渡性生态环境。

七、城市生态系统

（一）城市生态系统的结构和功能

城市生态系统不仅是一个自然地理实体，也是一个社会事理实体，其边界包括空间边界、时间边界和事理边界。它既是具体的又是抽象的，既是明确的又是模糊的。

城市生态系统在结构上可分为三个亚系统——社会生态亚系统、经济生态亚系统和自然生态亚系统，它们交织在一起，相辅相成，形成了一个复杂的综合体。在城市生态系统中，其生态金字塔呈倒立状。自然生态亚系统以生物结构和物理结构为主线，包括植物、动物、微生物、人工设施和自然环境等。它以生物与环境的协同共生及环境对城市活动的支持、容纳、缓冲及净化为特征。经济生态亚系统以资源为核心，由工业、农业、建筑、交通、贸易、金融、信息和科教等子系统组成。它以物资从分散向集中的高密度运转、能量从低质向高质的高强度集聚、信息从低序向高序的连续积累为特征。社会生态亚系统以人为中心，包括基本人口、服务人口、抚养人口和流动人口等。该亚系统以满足城市居民的就业、居住、交通、供应、文娱、医疗、教育及生活环境等需求为目标，为经济系统提供劳力和智力，以高密度的人口和高强度的生活消费为特征。

城市生态系统的功能也有三方面内容，即生产、生活和还原。生产功能为社会提供丰富的物资和信息产品，包括第一性生产、第二性生产、流通服务及信息生产四大类。城市活动的特点是：空间利用率很高，能流、物流高强度密集，系统输入、输出量大，主要消耗不可再生能源，且利用率低，系统的总生产量与自我消耗量之比大于 1，食物链呈线状而不是网状，系统对外界依赖性较大。生活功能是指系统为市民提供方便的生活条件和舒适的栖息环境，一方面要满足居民基本物质和能量及空间需要，保证人体新陈代谢的正常进行和人类种群的持续繁衍；另一方面还要满足居民丰富的精神、信息和时间需求，让人们从繁重的体力和脑力劳动中解放出来。还原功能保证了城乡自然资源的可持续利用和社会、经济、环境的平衡发展，一方面必须具备消除和缓冲自身发展给自然造成不良影响的能力；另一方面在自然界发生不良变化时，能尽快使其恢复到良好状态。还原功能包括自然净化和人工调节两类。

城市生态系统的功能是靠其中连续的物流、能流、信息流、货币流及人口流来维持的，它们将城市的生产与生活、资源与环境、时间与空间、结构与功能，以人为中心串连起来。弄清了这些流的动力学机制和控制方法，就能基本掌握城市这个复合体中复杂的生态关系。

（二）关于城市生态系统的几种观点

由于城市生态系统是一个高度复杂的系统，许多人从不同的学科角度对该系统进行了多方面的综合研究。当人们从不同的角度进行研究时，就产生了对城市生态系统的不同观点。这些观点主要包括自然生态观、经济生态观、社会生态观和复合生态观四大类。

1.自然生态观

这种观点把城市看成是以生物为主体，包括非生物环境的自然生态系统，它受人类活动干扰并反作用于人类。研究在这类特殊栖息环境中动物、植物、微生物等生物群体，景观、气候、水文、大气和土地等物理环境的演变过程及其对人类的影响，以及城市人类活动对区域生态系统乃至整个生物圈的影响。城市自然生态研究中最活跃的有以下几个领域：一是城市人类活动与城市气候关系的研究；二是城市化过程对植物的影响及其功效和规划研究；三是城市及工业区自然环境容量、自净能力及生态规划研究。

2.经济生态观

这种观点把城市看成是一个以高强度能流、物流为特征，不断进行新陈代谢，经历着发生、发展、兴盛和衰亡等演替过程的人工生态系统。通过对城市各种生产、生活活动中物质代谢、能量转换、水循环和货币流通等过程的研究，探讨城市复合体的动力学机制、功能原理、生态经济效益和调控办法。有关城市物质代谢的研究重点在两方面，一是资源（包括水、食物、原材料）的来源、利用、分配和管理，二是废物（包括废热、废水、废气和废渣等）的排放、扩散、处理和再生等内容。其中也包括负载能力、环境容量、营养物质和污染物质的流动规律及对人和物理环境的影响等问题。总之，流经城市生态系统的物质除少数转变为生物量或为生物所利用外，大多数以产品和废品的形式输出，因而，其物质流通量比自然生态系统大得多。

3.社会生态观

这种观点从社会学的角度探讨了城市生态系统，认为城市是人类集聚的结果，集中探讨了人的生物特征、行为特征和社会特征在城市过程中的地位和作用，如对人口密度、分布、出生率、死亡率、人口流动、职业、文化和生活水平等都有大量研究。其中尤其以对城市人口密度的研究数量最多，包括个体生理学模型、行为模型、健康状况模型、心理学模型、拥挤度模型、人口发展史模型、系统生态学模型、经济效益模型及运输形式模型等。其中对城市生态系统中城市社会质量的研究是社会生态观各项研究中的一个热门话题。

4.复合生态观

城市生态系统既有自然地理属性，也有社会与文化属性，这是一类复杂的人工生态系统。马世骏等将城市看作社会经济－自然复合生态系统，认为城市的自然及物理组分是其赖以生存的基础，城市各部门的经济活动和代谢过程是城市生存发展的活力和命脉，而城市人的社会行为及文化观念则是城市演替与进化的原动力。社会－经济－自然复合体不是社会、经济和自然三者的简单相加，而是融合与综合，是自然科学与社会科学的交叉，是空间和时间的交叉。城市复合生态研究应以物质、能量高效利用，社会、自然的协调发展和系统动态的自我调节为城市生态调控的目标。

第四章　环境生态工程与生态修复

第一节　环境生态工程概述

一、生态工程的概念

首先提出"生态工程"这一概念的是美国学者奥德姆（Eugene Pleasants Odum）。1962 年，概念形成初期，奥德姆将其定义为"基于少量人为辅助能源对以自然能源驱动为主的系统进行环境控制的工程措施"。1971 年，他扩大了这一概念的范围，认为人对自然的管理即为生态工程。由于概念形成初期，在基本原理、基本原则与设计思路方面认识的不足，以上两个定义还不是十分完善。1983 年后，奥德姆在吸收了自组织理论的相关成果后，对生态工程的定义进行了进一步修正，之后他将设计实施经济与自然的工艺技术称作生态工程。

1989 年，米施（William J. Mitsch）在其出版的《生态工程》中提出生态工程的概念："为了人类社会和自然环境两方面利益而对两者进行的有利设计。"1993 年，米施在为美国国会撰写的报告中，对生态工程的概念进行了完善，修改为"为了人类社会及其自然环境的利益，而对人类社会及其自然环境加以综合且可持续的生态系统设计"。它包括开发、设计、建立、维持新的生态系统等步骤，以期在污水处理、地面矿渣及废弃物的回收、海岸带保护等领域，达到生态恢复和生物控制的目的。此后，不同研究背景的学者就其研究对象的差异，对生态工程提出了不同的定义。

国内对生态工程的研究与西方国家几乎同步，并且在应用历史与实践规模方面远胜于西方国家，具有明显的独立性与原创性。因此，国内关于生态工程的定义为多数学者所认可。其中最具代表性的为被称作"生态工程奠基人"的马世骏教授，其在《中国的农业生态工程》中提出："生态工程师应用生态系统中物种共生和物质循环再生的原理，结合系统工程的最优化方法，设计促进分层多级利用物质的生产工艺系统。生态工程的目的就是在促进自然界良性循环的前提下，充分发挥物质的生产潜力，防止环境污染，达到经济效益和生态效益同步发展。它可以是纵向的层次结构，也可以发展为几个纵向工艺链索横连而成的网状工程系统。"

综上所述，生态工程的定义较多。相对而言，西方国家对生态工程是以环境污染问题的解决为出发点而进行定义的。而国内由于人口激增、资源破坏以及粮食生产不足等具体问题的存在，生态工程在概念与内涵方面要丰富得多。

二、生态工程学的产生及发展

生态工程学的产生和发展经历了一个较为漫长的历史过程，而且由于不同地区面临主要环境问题的差异，在起源与发展方面具有多元性。根究其发展过程，概括起来可以分为 3 个时期：即生态工程学萌芽时期、生态工程学建立时期、现代生态工程学时期。

（一）生态工程学萌芽时期

生态工程学产生于人类祖先在生产生活实践过程中对生态学思想的不自觉应用。在人类文明早期，为了生存而进行的各种农耕养殖活动已经反映出古人对生态工程的实践与应用。在一些古籍中，已有很多关于生态工程实践的记载。例如，《吕氏春秋》中记载的"竭泽而渔，岂不获得？而明年无鱼；焚薮而田，岂不获得？而明年无兽"，包含了人类对生态工程学中所强调的物种共生原理的朴素理解。

而清朝时期古人所创造的"桑基鱼塘"生态农业模式，体现了对生态工程学中食物链原理的熟练应用。根据《高明县志》记载："将洼地挖深，泥复四周为基，中凹下为塘，基六塘四。基种桑，塘畜鱼，桑叶饲蚕，蚕屎饲鱼，两利俱全，十倍禾稼。"这一模式既可养蚕，又可饲鱼肥田，至今仍在我国南方很多地区沿用。对于不同区域的环境特征，古人在食物链原理应用方面十分注重结合实际。例如，针对北方草原广袤、适于养殖牲畜的特点，《豳风广义》中提出"多种苜蓿，广畜四化""多得粪壤，以为肥田之本"，创造性地提出了粮、草、畜三结合的生态工程发展模式。这种基于生态工程原理对农畜用养的巧妙结合，使中国在土地长期集约耕种的情况下，没有出现西方多个国家数次出现的大范围地力衰竭现象。同样，当前的农业生产更加依赖于生态工程技术的应用。因此，可以说生态工程学是中国农业经久不衰的基础。

除了从历史典籍中可以发现萌芽时期生态工程学的众多应用外，古人应用其原理创造的工程有许多至今仍发挥着重要的生态功能。其中，最有名的即都江堰水利工程。作为全世界年代最久、迄今仅存的古代水利"生态工程"，其科学的工程规划和合理的工程布局，在分水、导水、引水以及排洪等多个方面发挥了重要的功能，体现了古人在自觉应用生态工程学方面的伟大成就。

（二）生态工程学建立时期

以 18 世纪后半叶的第一次工业革命和 19 世纪 30 年代的第二次工业革命为代表，产业革命在为人类社会生产力带来飞速发展的同时，人类不得不面对伴随而来的各种资源、生态以及环境方面的问题。生态环境问题在世界范围内引起各国政府的重视，是同反映这一时期的生态环境污染现状的调查报告与科普作品分不开的。1962 年美国海洋生物学家蕾切尔·卡逊编写的科普作品《寂静的春天》，作为标志人类首次关注环境问题的著作，促使环境保护事业在世界范围迅速发展。

20 世纪 60 年代生态工程学概念的提出正是基于这一历史背景，在农业与环境领域得到发展。这一时期，西方发达国家在应对资源与能源危机的过程中，归纳总结出生态恢复工程的共性，进而在不同时期提出针对不同环境问题的生态工程概念。概念形成初期，奥德姆将其定义为"以少量人为辅助能源对以自然能源驱动为主的系统进行环境控制工程措施"。1983 年奥德姆在结合自组织理论，对生态工程学的定义进一步修正后提出，"将设计实施经济与自然的工艺技术称作生态工程学。"而乌尔曼（UhImann）则认为生态工程学与生态技术为同义词，将其定义为"在环境管理方面，根据对生态学深入了解，花最小代价的措施，且对环境损害最小的技术"。

国内同一时期发展起来的生态工程，所需要解决的不仅是环境资源问题，而且还有人口增长、资源有限及遭受破坏等综合问题。在这种背景条件下，催生的生态工程学概念是以上述生态环境问题为核心的。早在 1954 年，马世骏教授在研究蝗虫灾害防治的过程中，提出了以生态系统结构调整和水位控制为主要措施的生态工程措施。随后经过 25 年的实践工作总结，在 1979 年形成了较为系统的生态工程学的思想。其所提出的生态系统工程学概念强调生态工程的研究对象为"社会－经济－自然生态系统"，强调重点关注废物管理、营养物质循环以及区域性食物供应 3 个系统的循环关系，提出所依据的机理就是模拟自然生态系统长期持续链环结构的功能。

这一时期生态工程学是根据全球不同区域所面临的生态、环境、人口、资源以及经济问题，提出各种不同的定义，处于概念的建立初期，在理论基础、概念内涵、原则步骤以及评价目标等方面的认识还十分有限。

（三）现代生态工程学时期

现代生态工程学时期以 1989 年米施所著《生态工程》的出版为标志。该著作由多个国家的学者合著，明确给出了生态工程学的研究对象、基本原理与方法。并且随着国内外生态工程相关期刊的创刊，生态工程学终于步入现代发展时期。

当前一般认为生态工程学以人工生态系统、人类社会生态环境以及自然生态资源等为研究对象，以生态环境保护与社会经济协同发展为目标。其基本原理是生态学、经济学和工程学原理。方法与应用则主要包括生态系统设计、受损生态系统恢复、自然资源保护利用以及人类社会生态环境改善 4 个方面。

根据上述认识，颜京松给出了生态工程学一个较为全面的定义：为了人类社会和自然双双受益，着眼于生态系统，特别是社会－经济－自然复合生态系统的可持续发展能力的综合工程技术。其有利于促进人与自然、经济与环境协调、可持续发展，从追求一维的经济增长或自然保护，走向富裕、健康、文明三位一体的复合生态繁荣。

随着生态工程学概念的完善，其在学科分支方面也有了较为明确的定位：隶属于应用生态学学科、管理生态学分支。并且随着生态工程学的发展，学科分类日益成熟。根据区域类型可划分为山地生态工程、水体生态工程、湿地生态工程、滩涂生态工程、草原生态工程、盐碱地生态工程、沙漠生态工程、过渡带生态工程、环境脆弱带生态工程；根据产业类型可划分为农业生态工程、种植业生态工程、林业生态工程、畜牧与水产养殖生态工程、污染生态工程、景观生态工程、环境生态工程和城市生态工程等。学科分支的定位和学科分类的完善有助于现代生态工程学的进一步发展。

三、生态工程学的基本原理

根据现代生态工程学定义，该学科是以生态学和工程学基本原理为基础，以实现经济效益与生态效益高度统一为目标，使生态系统得到稳定持续发展的一门学科。因此，其基本原理包括：生态学原理、工程学原理以及经济学原理 3 个方面。

（一）生态学原理

生态工程学的研究对象就是各类生态系统，因此生态学原理是确定研究对象特征、过程与存在问题，开展生态工程设计，以及进行生态工程评价的基础。根据已有的研究成果，生态工程学所涉及的原理涵盖生态系统个体、种群、群落以及生态系统等不同尺度，主要原理具体如下。

1.生态位原理

生态学众多原理中，生态位原理一直处于十分重要的地位，被普遍认为是生态学的核心思想。作为群落生态学中最重要的概念之一，生态位又称生态龛，是对一个物种所处的环境以及其本身生活习性的总称，即在生物群落或生态系统中，每一个物种都拥有自己的角色和地位，占据一定的空间，发挥一定的功能。这一原理对生态工程设计、调控以及评价过程均具有现实的指导意义。合理利用生态位原理，不仅是构建稳定高效生态系统的基础，同时也是生态系统调控和评价过程合理性的重要标准。

在开展水生态系统恢复的种间配置时，应该考虑各个种群的生态位宽度、种群之间的生态位相似性比例和生态位重叠情况，以及它们之间是否有利用性竞争生态关系。如果是利用性竞争生态关系，那么至少要求某一维度的资源不要重叠。例如，在湖泊生态恢复工程中，水生植物恢复工作要充分考虑浮叶植物、沉水植物和挺水植物对光照因子的生态位宽度以及重叠情况，合理设计恢复区域。除此之外，在开展水生态工程设计过程中还应当考虑不同物种之间多层布局的情况，如鱼、水生植物、浮游植物、浮游动物，从而形成一个完整稳定的生态系统。通过不同物种生态位情况，构建不同类群之间的合理配比，从而达到对资源高效利用，以及稳定维持生态系统的目标。

2.食物链（网）原理

食物链（网）是群落和生态系统物质循环和能量流动的载体，直接或间接将生物群落各营养级结构上的生物种与无机环境联系到一起，是研究环境因子对生态系统影响的重要媒介。在生态工程学方面，食物链原理是开展系统内物种选择的重要依据。

这一方面最为成功的例子是在湖泊生态治理工程中广泛实施的生物操纵技术。生物操纵技术的核心是采用药物毒杀、选择性捕捞或增放凶猛鱼类，降低食浮游动物的鱼类（常包括食底栖生物鱼类）的种群密度，以壮大浮游动物种群，达到控制藻类生物量的目的。在实施这一技术的实践过程中，通常人们的注意力都集中在较高营养级的鱼类对生态系统结构与功能的影响，通过改变鱼类的组成和（或）多度对湖泊的营养结构进行调整，进而加速水生态系统的修复。

出于管理目的的食物链（网）操纵的思想始于 20 世纪 60 年代，当时湖沼学家开始注意到顶级消费者能对水生态系统食物链（网）中的较低级的生物（如藻类）产生深远的影响，并使水生态系统的营养结构和水质发生显著变化。生物操纵作为一种下行效应力量，在近年来世界各地不同湖泊生态修复过程中，展示了利用湖泊已有的营养级关系作为替代手段的可行性及有效性。

3.物种共生原理

狭义的物种共生指存在于一个群落或者一个生态系统中的两种不同生物之间所形成的紧密互利关系，一方为另一方提供有利于生存的帮助，同时也获得对方的帮助，即偏利共生。这种关系广泛存在于动物之间、植物之间、菌类之间以及三者中任意两者之间。广义的物种共生除上述的互利共生关系外，还包括竞争共生、偏害共生、无关共生以及寄生。生态工程学作为一门以种间相互关系理论为指导的学科，重视对物种关系特别是互利共生关系的利用，以建立相互促进的生态系统。

豆科植物和根瘤菌之间的种间关系是物种共生关系的典型实例。一方面，根瘤菌的生长繁殖离不开从豆科植物根的皮层细胞中吸取碳水化合物、矿质盐类及水分；另一方面，它们又具有固定大气中游离态氮，进而转变为植物所能利用的含氮化合物供植物生活所需的能力。根据测算，豆科植物苜蓿年均可积累氮肥 300 kg/hm²。并且随着研究的深入，研究人员发现自然界类似植物和根瘤菌之间共生关系的植物种类并不仅仅局限于豆科，还有其他科 100 多种植物能形成根瘤并进行固氮。除此之外，陆生生态系统中传粉昆虫与植物、苔藓植物中的藻类与真菌、有蹄类反刍生物与其肠道内瘤胃微生物之间均存在互利共生关系，这种关系可为农业和林业生态工程设计提供理论与应用基础。

湖泊生态系统中同样存在各种共生关系，例如早期水生牧食理论中沉水植物与附着螺类的共生关系。沉水植物作为湖泊重要的初级生产者，对生态系统的稳定具有至关重要的作用。表面附生藻类、细菌以及各类有机、无机物质在营养与光照资源方面同其构成竞争关系，不利于个体的生长繁殖。而同样附着生长于其上的螺类可以取食附着其上的藻类，有利于沉水植物生长繁殖。因此，从这一方面来讲，沉水植物与螺类存在互利共生关系。尽管随着水生态系统研究的深入，研究人员对沉水植物和螺类共生关系提出了一些新的观点，认为螺类在牧食过程中没有选择性，不仅会牧食附着藻类，也会摄食沉水植物，但也有研究证据表明，沉水植物种类对螺类的适口性以及光照等环境因子会影响其种间关系。因此，在开展水生态工程设计过程中需要对种间关系的应用条件进行深入研究，以确保生态目标的实现。

4.生物多样性原理

生物多样性指生物及其与环境形成的生态复合体以及与此相关的各种生态过程的总和，包括数以百万计的动物、植物、微生物和它们所拥有的基因，以及它们与其生存环境形成的复杂生态系统。按空间尺度，生物多样性可划分为 4 个层次，即遗传多样性、物种多样性、生态系统多样性以及景观多样性。

由于自然资源的合理利用和生态环境的保护是生态环境可持续发展的基础与目标，生物多样性对于生态工程系统的稳定性具有重要作用，是支撑其建立与发展最重要的生态学原理之一。这一理论对生态工程设计具有两方面的意义：一方面可以在生态工程过程中实现对资源的充分利用，具体到某一生态系统表现为对食物链的增长或者不同生态位物种的互补；另一方面，可以增加生态工程的系统稳定性，而系统稳定性是评价生态工程是否成功最重要的指标之一。

近年来，生态工程在与人类生产生活密切相关的农田生态系统中应用十分广泛，可以充分说明生物多样性对于生态系统的重要性。在农田生态系统中，以作物为主的单种生物群落易受到多种环境因子的影响，尤其是可能导致作物发生各种病虫害。同时单种作物种植模式也不利于野生生物的保护。而通过不同作物的套种，提高农田生态系统物种多样性，可以抑制病虫害并保护其天敌，提高土壤肥力，为野生生物提供保护，最终获取较高的经济、环境和社会效益。例如，实行棉麦套种，能有效减少棉田有害翅蚜的数量；而对作物大豆套种，不仅能抑制杂草生长，而且根瘤菌还能提高农田肥力。

湖泊生态系统的稳定也同样离不开生物多样性，而且需要保持景观、生态系统、物种以及遗传等多个水平的多样性。例如，对清水稳态维持至关重要的水生植物如果要保持合理稳定的群落数量，必须要求生态系统中其他物种，如草食性鱼类、凶猛性鱼类、浮游动物以及底栖动物等，保持一定的多样性。这一点是开展湖泊恢复生态工程的基础与目标。

5.物种耐受性原理

生物的生长与繁殖都必须满足适宜的环境条件，这就决定了无论个体、群落还是生态系统，对不同环境因子均存在耐受性的上限和下限，超过上限或者下限均会导致生长与繁殖受限。物种耐受性原理的研究不仅对于推动生态学的发展具有重要意义，而且不同物种耐受性范围及其差异是进行生态工程设计的基础。

目前，全球范围内绝大部分生态系统已经受到人类活动的干扰，其中重金属污染的生态治理工程最能体现物种耐受性原理的应用。重金属污染治理手段有多种，包括化学治理、工程治理、农业治理以及生物治理等多种方法。其中实施最为简便、投资小和对环境破坏小的方法就是生物治理。利用某些生物的生理生态习性可以抑制重金属污染，常用的生物包括蚯蚓、微生物以及植物。无论哪种生物，在开展生态工程进行物种选择的过程中，均需要对重金属耐受性进行充分评价。

耐受性不仅体现在个体与群落方面，在进行生态系统层次设计时也需要充分考虑。淡水生态系统是水生系统中同人类生产生活最为紧密的部分之一，作为现代生态学研究的基本单元，同样面临着可持续发展的问题。然而，由于水体营养物质过度输入而引起的人为富营养化问题，已经在世界范围内引起了广泛关注。富营养化问题的出现，严重影响和制约了淡水生态系统的可持续发展。但是，我们应该认识到富营养化问题的出现在本质上是淡水生态系统物质交换和能量流动平衡失调，是湖泊生态系统结构与功能的退化，是生态元之间链接的断裂或弱化。因此，在开展湖泊生态系统管理和富营养化治理工程的过程中，应该从淡水生态系统对环境因子的耐受性出发，充分考虑湖泊生态系统的环境承载力，以实现湖泊生态系统可持续发展及确定合理的生态恢复工程目标。

6.限制因子原理

限制因子指决定生物生存和繁殖的各种生态因子中的关键性因子，是决定生物生长、发育和分布的因素，又称主导因子。例如，荒漠生态系统中，水是限制因子；高寒生态系统中，热是限制因子；农田生态系统中，土壤是限制因子。但是需要指出的是，任何生物体总是同时受到多个因子的影响，单个因子不能孤立地对生物起作用，并且随着条件的改变，限制因子也会发生变化。例如，湖泊生态系统中决定沉水植物生长繁殖的限制因子在不同条件下就有所不同，生物、光照、氮磷污染或者重金属污染等，均有可能成为限制其生长繁殖的主要影响因子。

限制因子作为生态学的一条基本原理，在指导生态工程设计方面可以根据需要进行灵活应用。一方面，当系统中需要目标生物发挥作用时，可以通过消除限制因子的方法来实现；相反，如果需要抑制某种生态现象，则可对限制因子的正向反馈调节作用进行强化。另一方面，限制因子之间存在普遍的相互作用，一种生态因子的不足往往可以由其他因子来补充和替代。在进行生态工程设计的过程中，可以通过调节其他因子的强度使生态因子作用得到强化或者减弱。

对于淡水生态系统来说，氮和磷的过度输入是驱动系统稳态变化最重要的原因，也是目前人类进行水生态系统管理和恢复主要调控的因素之一。不同氮、磷负荷条件是决定湖泊生态系统草型稳态和藻型稳态重要的限制因子。与磷不同的是，氮可以通过固定大气中的气态氮得到补充，因此在磷含量较高时，氮通常不会是湖泊生态系统的限制性因子。相反，氮元素在湖泊中的过量积累往往会增强磷的限制性作用。此外，影响湖泊生态系统的另一个限制因素是水深。水深的波动势必会改变水生植物的生长环境，进而影响水生植物的演替。水位对于浮叶植物和漂浮植物丰度的影响不大，而对于沉水植物丰度有很大影响，水位的降低会导致沉水植物丰度的增加。

7.景观生态学原理

生态工程设计就其本质而言，目的是在摒弃人工作用的条件下，强化生物与环境的自然生态适应性。景观生态学是用来指示特定区域生物群落与环境间主要的、综合的、因果关系的研究。在确定不同环境因子的空间格局与生物群体相互关系方面，可以提供如景观的镶嵌性、连接度、碎裂性、均匀度、丰富度、边缘度等定性定量特征，这些特征对生物群落的分布、运动和持久性有很大影响，是进行农业生态工程、林业生态工程、湿地生态工程以及城市生态工程等诸多生态工程设计的理论基础。具体到特定生态工程，景观生态学可根据生态工程规模与尺度提供合理的判定标准。

8.生态因子综合作用原理

尽管根据生态因子对生物的作用的大小、性质与作用方式，其可分为主要的与次要的、直接的与间接的等，但生态系统中众多因子对生物的作用并不是孤立存在的，而是存在相互联系、相互促进、相互制约的关系，任何一个生态因子的变化必将引起其他因子产生相应的变化。并且，生态因子在一定条件下可以相互转化。例如，自然界光照强度的昼夜、季节以及周年变化往往同温度相关，而温度的变化又会进一步影响空气湿度、土壤含水量等生态因子。

作为生物与环境的统一体，生态工程在进行系统设计时必须充分考虑各种生态因子对生物的综合作用，尤其是主要生态因子对其他因子的影响。利用生态因子综合作用原理，可以减小生态工程系统内各因子的拮抗作用，增强其相互促进作用，优化运行状态，以满足生态工程核心原理中对整体性与协调性的要求。

（二）工程学原理

生态工程学是基于生态系统中物种共生、物质循环再生以及结构功能协调作用的系统优化活动过程。这一过程除遵循基本生态学原理外，还涉及系统工程、整体协调、耗散结构以及层次结构等工程技术领域的诸多原理。

1.系统工程原理

系统工程学是一门具有高度综合性的管理工程技术，注重从系统的观点出发，跨学科地考虑问题，运用现代科学技术研究解决各种系统问题。作为一种组织管理方法，系统工程学的首要任务是根据总体协调的要求，构建自然科学与社会科学在基础思想、策略及方法上的横向联系，并应用现代数学理论和工具，分析研究系统构成要素、组织结构、信息交换以及自动控制功能，以达到进行最优设计、最优控制和最优管理的目标。

基于系统工程原理，在开展生态工程设计时应遵循整体性原则、综合性原则、交互性原则等。整体性原则要求生态工程以系统分析的原理和方法为基础，重视目标与过程的统一。生态工程重视的不仅是环境优化，而且兼顾社会、经济与自然的整体效益，追求社会－经济－自然的整体最佳效益，实现富裕、健康、文明三位一体的复合生态繁荣。综合性原则要求在生态工程设计时综合考虑实施途径、系统目标以及实施效果的多样性，在选择和确定生态工程实施途径、目标以及所能达到效果的过程中，尽可能地应用数学工具，在一定条件下使内部子系统之间协作，保障时间与空间、物质与能量以及信息输入与输出的效率最高，同时充分发挥模型优点，确保在较短时间内，以最少的消耗、最高的效率研究生态工程内部设计与外部环境变化过程之间的各种复杂响应关系，为系统最优化设计提供方法保障。在分析与决策过程中还应遵循交互性原则，一方面及时向抉择者提供反映系统分析和评价的结果；另一方面也需要将决策者的反馈作为系统进一步优化的信息充分加以利用，以便对下一步进程做出判断和修改。

2.整体协调原理

生态工程作为一个有机整体，具有自然或者人为划定的明显边界，同时边界内的功能具有相对的独立性。如河流、湖泊、湿地水生态系统，同相邻的陆生生态系统边界明显，其功能也明显有区别。同时作为一种生态系统，其由包括生物和环境两个或者两个以上的组分构成。以湖泊生态系统为例，其本身包含水生生物和水生环境两部分，而水生生物和水生环境两大组分又可分为更小的子系统。水生生物分为沉水植物、浮游植物、浮游动物、底栖动物以及鱼类等。而水生环境又可分为水环境、地质环境以及大气环境等。系统内不同组分之间存在复杂的关系，并且相互依赖。生态工程是人工干预条件下对自然生态系统的重构，必须把环境与生物及其子系统进行充分协调。

湖泊恢复生态工程的发展经历了生态组分单项修复"治标"阶段到系统修复"治本"阶段的转换。早期开展湖泊生态工程往往仅考虑水生植物或者水体环境等单个组分，不能完成对完整生态系统的修复，所修复或构建的生态系统稳定性不足，导致大部分工作投入较大但取得的效果并不理想。目前，国内外富营养化湖泊中开展的水生植物恢复重建工作所取得的成果很难维持，究其根本原因就在于此。构建稳定的湖泊生态系统必须遵循生物与环境统一的整体性原则：一方面，必须对包括水体与底质在内的水生环境和包括鱼类与浮游生物在内的生物环境进行改善和提高；另一方面，在考虑水生植物生长环境与其对应关系的基础上，构建和谐有序的恢复方案。

3.耗散结构原理

耗散结构原理指一个开放系统的有序性来自非平衡状态，即系统的有序性因系统向外界输出熵值的增加而趋于无序。而要维持系统的有序性，必须有来自系统之外的负熵流的输入，即有来自外界的能量补充和物质输入。生态系统作为一种非线性、复杂、开放的系统，不断与环境发生着物质与能量的交换，属于典型的耗散系统。因此，其概念与原理不仅能解释许多生态现象，而且在分析讨论生态平衡等问题方面较其他理论而言更为合理准确。

在进行生态工程设计应用中，不仅要注重系统内组分的设计，即自身熵输出的潜力，而且要注重系统外熵值的输入能力，即向系统内部输入物质与能量的潜力。这两点既是维持系统稳定性所不能忽视的，也是评价生态工程系统效益的基本依据。湖泊生态系统在向富营养化演替以及由草型稳态向藻型稳态转换的过程中，初级生产力与总生物量的比值是逐渐减小的，往往伴随着系统稳态的降低。根据耗散理论，这一过程中生态系统将单位生物量的衰变逐渐减小到最低限度，使熵产生率最小化，从而使系统达到一种稳态。当一个健康的草型稳态湖泊受到营养物输入胁迫或干扰后，它通常会以增加大型水生植物群落呼吸速率，提高系统熵产生率来降低系统的无序性，当新的耗散结构形成后，又进入另外一个稳定状态。并且，如果对系统稳定状态产生的影响过大，则会导致系统自组织能力崩溃，从而使系统进入非稳定状态。但是，外界胁迫因子去除后，系统的稳定状态并不能回到干扰前的状态。这既是目前湖泊生态系统稳态转换的基本观点，也是开展湖泊生态工程重要的理论基础。

4.层次结构原理

层次结构原理可理解为稳定高效的系统必然由若干从低层次到高层次有秩序的组分所组成，并且各组分之间存在适当的比例关系和明显的功能分工，这种结构有利于系统顺利完成能量、物质、信息的转换与流动。层次结构包括横向层次和纵向层次。横向层次又叫作系统的水平分异性，指同一水平上的不同组成部分；纵向层次又叫作系统的垂直分异性，指不同水平上的组成部分。生态学研究中历来重视这种层次关系，生物学谱就是用来表示生物界层次结构的。

根据层次结构理论，生态工程本身也是按照层次组织起来的。例如，农业生态工程中，在个体水平内，农作物本身是由基因、细胞、组织、器官等不同层次组成的有机体，而农作物又是构成作物群落、农田、区域以及农业生态系统的一部分。根据层次结构理论，组成系统的每个层次均具有特定的结构和功能特征，并可以单独作为一个研究对象和单元。尽管不同层次之间不能相互替代，但对某一层次的研究均有助于对其他层次的理解。湖泊生态系统可划分为个体、种群、群落、生态系统等不同层次，每个层次的组成结构与特征均不同于其他层次，且不能相互替代，但对不同层次的研究有助于对其他层次的理解。例如对沉水植物群落结构和功能的阐明，在种群层面有助于理解不同种类沉水植物的消长过程，在生态系统层面有助于理解藻型稳态和草型稳态的转换过程。因此，层次结构原理可为生态工程设计提供重要的理论基础。

（三）经济学原理

生态工程设计与建设的最终目标是花费最少的人力资源，控制强大的自然生产能力。在生态效益方面，要实现资源的再生与可持续发展，使自然再生产过程中资源更新速度大于或等于利用速度；在经济效益方面，要保障物质能量输入输出的平衡，使社会经再生产过程的生产总收入大于总支出，促进经济实力的不断增强。因此，这一过程就存在一个投入和产出效益评价的问题，这就需要以经济学原理作为基础，对生态工程设计过程与目标进行指导和评价。

1.资源利用合理性原理

资源利用合理性原理指在有限自然资源的基础上，既获得最佳的经济效益，同时不断提高环境质量。对于太阳能、地热能、风能、水能等非生物类可更新资源，由于人类对其更新过程不会产生大的影响，在利用过程中绝大多数可以满足所需。而湿地、湖泊、草原、森林等更新过程中与生物有关的可更新资源，其更新速度受开发利用强度的影响。

人类对此类资源的过度利用会损害其更新能力，甚至会导致资源的枯竭。对这类资源的利用应注重通过保护其自我更新能力和创造条件加速其更新，使其取之不尽，用之不竭。

保护可更新资源再生能力的核心是控制资源开发利用速度在资源更新能力允许的合理范围内。例如，要保持湖泊生态系统良性循环，必须在湖泊中保持一定数量的凶猛性鱼类，以控制草食性鱼类对沉水植物的过度摄食。这就要求在进行捕捞作业过程中注意控制捕捞季节和时间，并对捕捞量和种类进行合理控制。对于不具备通过开发速度控制实现资源持续利用的可更新资源，反过来可以通过提高资源更新速率来满足对资源开发利用的需求。除可更新的资源外，矿产资源和社会生产资源等不能循环使用，属于不可更新资源。对于不可更新资源，在开发利用过程中需要注重物质循环理论，采用回收利用、资源替代、提高资源利用效率等方法实现对其的合理利用。

2.生态经济平衡原理

生态经济平衡指生态系统及其物质、能量供给与经济系统对这些物质、能量需求之间的协调关系，其基础是生态系统物质与能量对经济系统的供求平衡。生态工程实施过程中坚持生态经济平衡原理有两点要求：

一是坚持生态平衡处于首位，经济平衡处于从属地位的设计与实施顺序。这是由生态经济本身的发展时序决定的，生态系统优先于经济系统存在，经济系统由生态系统孕育而生。

二是坚持生态平衡是经济平衡自然基础的原则，在生态经济系统中，一定的经济平衡总是在一定生态平衡的基础上产生的。经济平衡并不是被动地去适应生态平衡，而是人类以经济发展为价值取向，主动利用经济力量去改善或重建生态平衡。经济发展能力愈强，人类对生态系统的影响作用愈大，改造生态系统的能力就愈大。

这就要求生态工程实施过程中，生态系统在结构和功能方面能够通过自身的调节与经济系统相适应，且保持一定平衡状态。

3.生态经济效益原理

在以往的社会生产活动中，人们过于追求经济效益，而忽视生态规律，导致生态失去平衡、资源遭受破坏、经济发展受阻，为社会发展带来灾难。客观现实要求人类树立生态经济效益的观点。生态经济效益作为生态效益和经济效益的综合体，要求人类在改造自然的过程中，不仅要获取最佳的经济效益，也要最大限度地保持生态平衡和充分发挥生态效益。生态经济效益是生态经济学的核心问题，是评价生态经济活动和生态工程项目的客观尺度，贯穿于生态工程项目的设计、实施与评价的整个过程。

在生态工程中遵循生态经济效益原理，需要对工程近期与远期生态经济效益进行比较分析，以尽量少的资源消耗和对生态系统最小的影响，提高生态环境质量，促进社会经济发展，取得最佳的生态经济效益。以湖泊生态系统为例，其生态效益与经济效益之间相互制约，互为因果。一方面，湖泊在生物多样性保护、区域环境改善以及气候调节方面具有很大的生态效益；另一方面，湖泊在航运、农业灌溉、工业用水方面具有很大的经济效益。但湖泊生态环境的恶化不仅会削弱其生态效益，更为重要的是会制约其经济效益的发挥；反之则会促进其经济效益的提升。在生态工程中，如果生态效益受到损害，整体的和长远的经济效益也将难以得到保障。因此，在开展设计与效果评价的过程中，要维护生态效益与经济效益之间的权衡关系，力求做到既能获得较大的经济效益，又能获得良好的生态效益。

4.生态经济价值原理

生态经济价值作为生态学与经济学融合的产物，是生态价值与经济价值合并的特殊价值表现形式。目前，关于生态环境存在经济价值的观点基本没有争议，但生态经济价值估算方法在不同行业之间存在很大差异，是亟待解决的问题之一。例如，自然湖泊生态系统所能提供的区域环境改善、气候调节、生物多样性保护、防洪等众多生态效益，既不是使用价值，也不表现为具体的价值。在进行评价的过程中，如何从理论上解决其价值估算问题，是解决生态经济价值评估的关键。具体到生态工程设计，需要对其过程中生态经济价值大小进行科学比选与评估,避免自然资源的破坏与浪费。

四、环境生态工程设计基础

（一）生态工程设计原则

1.综合性原则

综合性原则要求生态工程应以系统分析的方法与原理为基础，重视社会、经济与自然之间的关系，结合具体生态系统，以服务系统目标为原则，在尽可能不损害优先目标的前提下实现其他目标。以河流生态工程为例，在开展具体工程的过程中需要优先考虑其生态功能，并且努力满足水质净化、生态景观等功能的需要，同时兼顾亲水活动的安全。

2.协调性原则

生态工程必须遵循系统内各组分协调共存的原则，注重生态工程与生态系统整体风貌相协调，生态景观与周边景观相协调，能够充分体现不同生态系统及周边区域发展的特点。同时，生态工程作为自然－经济－生态的复合体，三者之间相互关系的协调也属于该原则的范畴。

3.自然性原则

在开展生态工程的过程中，要始终坚持以生态系统自然的结构和功能为出发点，以自然修复为主、人工修复为辅，因地制宜，充分利用生态系统在结构与功能方面的条件，构建具有较强稳定性的自组织生态系统。

4.经济性原则

生态工程的建设与应用均是以追求综合效益为目标的，建设过程中始终伴随着实现经济效益的需求。生态经济对生态工程中自然－经济－生态复合系统的构建具有重要的指导作用：生态系统是生态经济的基础，经济系统是生态经济系统的主题，生态经济是生态系统与经济系统的统一体。因此，生态工程需要与经济和社会发展同步，因地制宜，在前期建设与后期管护方面进行统筹考虑，实现生态系统的可持续发展。

（二）生态工程设计的一般步骤

随着生态工程学的发展，生态工程学学科分类日益成熟。例如，根据区域类型可划分为山地生态工程、水体生态工程、湿地生态工程、滩涂生态工程、草原生态工程等；根据产业类型可划分为农业生态工程、种植业生态工程、林业生态工程等。不同生态系统的特征各异，在开展生态设计过程中关注的重点也各异。但是，其设计的基本步骤存在相似性，具体如下。

1.确定生态工程目标

所有生态工程的目标都是生态系统自我设计与经济系统人为设计的高度统一。开展这一步不仅需要充分考虑生态系统的结构、功能特点，尊重其基本演替与变化规律，还需要进一步考虑现有生态工程技术的可达性与经济的支撑能力。在此基础上，确定生态工程的总体目标，以及生态工程实施后在生态、经济与社会方面的具体指标。

2.确定生态工程的系统边界

由于生态工程设计的对象为生态系统，生态系统具有空间和尺度上的限定，因此，任何一项生态工程在进行设计前不仅需要对目标加以界定，而且还应确定工程设计的范围与生态尺度。这一工作对于后继确定工程利益相关者具有重要作用。

3.生态系统分析

对确定边界的生态工程进行系统的调查与分析，确定该生态系统的发展历史及其结构与功能的演化过程，甄别生态系统存在的主要问题。

4.生态过程影响驱动因子及响应

在分析生态系统主要问题的基础上，对影响该生态系统的所有环境及生态因子进行分析，确定关键性驱动因子，并对驱动因子作用下生态系统的响应特征进行分析。

5.生态工程方案构建

初步构建实现生态工程目标的不同工作方案，具体到工艺路线、工艺流程以及采取的工艺技术。

6.生态工程方案的论证与修订

根据系统性原则中模型化与系统化要求，采用数学分析与模型模拟的方法，集合相关专家对工艺设计的意见和建议，进行统一修改，形成最终的生态工程方案。

7.目标的可行性分析

基于论证修改的工艺方案，结合经济投入、自然生态特征以及当地社会经济条件，确定生态工程目标的可行性。

8.生态工程详细计划与实施方案

对确定采用的技术方案进行进一步的细化设计，并根据确定的实施地点，按照工艺与技术要求施工。为保证生态工程的实施，需要制定时间进度表，进行明确的任务分派，落实资金来源，组织项目评估。

9.工程验收

应用经济学、工程学以及生态学基本原理对生态工程工艺合理性、技术可行性以及经济性进行评判。

第二节　水环境生态工程

水是人类及一切生物赖以生存的不可缺少的重要物质，也是工农业生产、经济发展和环境改善不可替代的极为宝贵的自然资源，人类离不开水。但是由于水资源地区性分布差异、人类生活和工农业活动日趋复杂等，人类面临着水资源短缺、水污染严重的局面，甚至危及人类的生存与发展。这种情况促使人类应该增进对水资源的了解，探求水体污染的原因和防治污染的方法，以使人类的这一不可缺少的环境要素状况得到改善，使水资源更好地为人类服务。

一、水资源

（一）世界水资源

我们居住的地球是一个富水行星，其水量是巨大的，总量达 1.386×10^9 km³。如果地球表面是平滑而无地形起伏的话，那么整个地球表面将形成一个约 3 000 米水深的海洋世界。虽然人类拥有如此多的水资源，但由于水在地球上的空间分布极不均匀，因而可供人类直接利用的水十分有限。地球上的水资源主要由海洋水、陆地水和大气水三部分组成。地球上水资源总量的 97.47% 为咸水，含盐量高，无法为人类利用。水资源总量的 2.53% 才是淡水资源，约为 3.5×10^7 km³，可见人类的淡水资源十分有限。然而，让人遗憾的是，三分之二左右的淡水位于永久冰层下或被永久冰雪所覆盖，在现有的经济技术条件下很难被人类所取得，可见人类的淡水资源是十分珍贵的。通常所说的水资源主要指这部分可供使用的、逐年可以恢复更新的淡水资源。表 4-1 列出了世界水资源储量的分布情况。

表 4-1　世界水资源储量

类别	水储量/（10^{12} m³）		占总储量的比重/（%）		各类淡水占淡水总量的比重/（%）
	咸水	淡水	咸水	淡水	
海洋水	1 338 000		96.538		
地下水	12 870	10 530	0.929	0.76	30.1
土壤水		16.5		0.001	0.05
冰川与永久雪盖		24 064.1		1.74	68.7
永冻土底水		300.0		0.022	0.86
湖泊水	85.4	91.4	0.006	0.007	0.26
沼泽水		11.47		0.000 8	0.03
河网水		2.12		0.000 2	0.006
生物水		1.12		0.000 1	0.003
大气水		12.9		0.001	0.04
总计	1 350 955.4	35 029.61	97.47	2.53	100.0

即便如此，有限的淡水资源，其分布在全球范围内也极不均匀。随着世界经济的

迅速发展、工农业生产规模不断扩大,水需求量不断增加,用水问题已经成为水资源短缺国家或地区亟待解决的主要问题。表4-2列出了世界各大洲淡水资源的分布状况。

表4-2　世界各大洲水资源分布

名称	面积/（10^4 km²)	年降水量		年径流量		径流系数	径流模数/[L/（s·km²)]
		/mm	/km³	/mm	/km³		
欧洲	1 050	789	8 290	306	3 210	0.39	9.7
亚洲	434 705	742	32 240	332	14 410	0.45	10.5
非洲	3 012	742	22 350	151	4 750	0.2	4.8
北美洲	2 420	756	18 300	339	8 200	0.45	10.7
南美洲	1 780	1 600	28 400	660	11 760	0.41	21.0
大洋洲	133.5	2 700	3 610	1560	2 090	0.58	51.0
澳大利亚	761.5	456	3 470	40	300	0.09	1.3
南极洲	1 398	165	2 310	165	2 310	1.0	5.2
全部陆地	14 900	800	119 000	315	46 800	0.39	10.0

（注：表中大洋洲不包括澳大利亚。）

从各大洲水资源的分布来看,年径流量亚洲最多,其次为南美洲、北美洲、非洲、欧洲、大洋洲。考虑到各大洲的面积,世界上水资源最丰富的大洲是南美洲。就各大洲的水资源相比较而言,欧洲稳定的淡水量占其全部水量的43%,非洲占45%,南美洲占40%,北美洲占38%,澳大利亚和大洋洲占25%。从人均径流量的角度看,全世界河流径流总量按人平均,每人约合10 000 m³。水资源较为缺乏的地区有中亚南部、阿富汗、阿拉伯半岛和撒哈拉沙漠等。西伯利亚和加拿大北部地区因人口稀少,人均水资源量相当高。

（二）中国水资源

我国地表水资源量约为 $2.7×10^{12}$ m³,地下水资源量约为 $0.83×10^{12}$ m³,扣除地表水和地下水重复计算的 $0.73×10^{12}$ m³,水资源总量为 $2.8×10^{12}$ m³,位居世界第六位。按国土面积计算,我国平均每平方千米的产水量为世界陆地平均每平方千米产水量的

90%。但由于人口众多，我国的人均水资源量为 2 300 m³，仅为世界人均水资源量的 1/4，相当于美国的 1/5，加拿大的 1/48，世界排名 110 位，被列为全球 13 个人均水资源贫乏的国家之一。

我国水资源时空分布不均，全国水资源 80% 分布在长江流域及其以南地区，人均水资源量 3 490 m³，亩均水资源量 4 300 m³，属于人多、地少、经济发达、水资源相对丰富的地区。长江流域以北广大地区的水资源量仅占全国的 14.7%，人均水资源量 770 m³，亩均约 471 m³，属于人多、地多、经济相对发达、水资源短缺的地区，其中黄淮海流域水资源短缺现象尤其突出。目前，我国有 14 个省（自治区、直辖市）的人均水资源拥有量低于国际公认的 1 750 m³ 用水紧张线，其中低于 500 m³ 严重缺水线的有北京、天津、河北、山西、上海、江苏、山东、河南、宁夏 9 个地区。近年来，我国由于水资源不足，用水紧张状况加剧。据统计，全国有 400 个城市常年供水不足，其中天津等 110 个城市已受到水资源短缺的严重威胁，年缺水量 6×10^9 m³。有的城市被迫限时限量供水，严重制约着当地经济和社会发展。此外，水资源的年内、年际分配严重不均，大部分地区 60%～80% 的降水量集中在夏秋汛期，洪涝干旱灾害频发。据预测，到 21 世纪中叶，我国人均水资源拥有量将减少到 1 750 m³。届时，全国大部分地区将面临水资源更加紧张，甚至严重缺水的局面。

二、水体污染

（一）水体自净

各类天然水体都有一定的自净能力。污染物进入天然水体后，经过一系列物理、化学及生物的共同作用，在水中的浓度会降低，经过一段时间后，水体往往能恢复到受污染前的状态，这种现象称为水体自净。水体自净的作用按其机理可分为三类。

（1）物理净化：天然水体通过扩散、稀释、沉淀和挥发等物理作用，使污染物浓度降低的过程。

（2）化学净化：天然水体通过分解、氧化还原、凝聚、吸附、酸碱反应等作用，使污染物的存在形态发生变化或浓度降低的过程。

（3）生物净化：天然水体中的生物，尤其是微生物在生命活动过程中不断将水中有机物氧化分解成无机物的过程。

物理净化和化学净化，只能使污染物的存在场所与形态发生变化，从而使水体中的污染物浓度降低，但并不能减少污染物的总量。而生物净化作用则不同，可使水体中有机物无机化，降低污染物总量，真正净化水体。

影响水体自净的因素很多，其中主要因素有受纳水体的地理与水文条件、微生物的种类与数量、水温、复氧能力及水体和污染物的组成、污染物浓度等。

虽然天然水体有一定的自净能力，但是在一定时间和空间范围内，如果污染物大量进入天然水体并超过了其自净能力，就会造成水体污染。水体污染是指由于污染物进入水体，其含量超过水体的本底含量和自净能力，致使水体的水质、底质及生物群落组成发生变化，从而降低水体的使用价值和使用功能的现象。

（二）水体污染物

从环境保护角度出发，可以认为任何物质若以不恰当的数量、浓度、速率、方式进入水体，均可造成污染，因而均有可能成为污染物，所以水体污染物的范围非常广泛。当然，对于一些对人体和生物体有毒、有害的物质，例如 Hg、Cr、As、Cd 及氰化物和酚类等物质，不论其进入水体的数量、浓度、速率及方式如何，均属于水体污染物。

水体污染物的种类繁多，因此其分类方法也有所不同，例如按污染物的物理形态，可分为颗粒状污染物、胶体状污染物及溶解状污染物；按污染物的化学性质又可分为无机污染物、有机污染物。本文按污染的特征将其分为如下几类。

1.无机无毒物

无机无毒物指对人体或生物无直接毒害作用的无机物，主要包括以下三种。

（1）颗粒状无机物：如来自地面的泥沙、尘土、渣物等固体颗粒。

（2）酸碱及无机盐：酸性废水主要来自工厂及矿山的排水，如化肥、农药、粘胶纤维、酸法造纸及硫化矿的开采等工矿废水；碱性废水主要来自碱法造纸、化学纤维制造、制碱、制革等工业。酸性废水与碱性废水可相互中和产生各种盐类，也可与地表物质相互作用，生成各种无机盐类。所以，一般情况下，酸性或碱性废水造成的水体污染都伴随着无机盐类的污染。

pH 值超出 6～9 范围的废水，对人、畜及各种生物产生直接毒害。酸性或碱性废水的污染，会影响水体的自然缓冲作用，抑制微生物的生长，导致水体的自净能力下降，腐蚀管道、水工建筑物和船舶等。

（3）植物营养物：主要指 N、P 等元素。

2.无机有毒物

无机有毒物指能直接引起人体及生物毒性反应的无机污染物。这类污染物具有明显的累积性，可通过水生生物富集，进入食物链危害人体健康，其中最为典型的是重金属离子及 CN－和 As 等非金属污染物。

（1）非金属有害物：主要包括氰化物、As、Se、F、S。其中氰化物为剧毒物质，主要来源于游离的氢氰酸（HCN），CN－在酸性溶液中可生成 HCN 而挥发出来。各种氰化物分离出 CN－及 HCN 的难易程度不同，因而毒性也有差异。CN－的毒性主要表现在破坏血液，影响输氧，引起组织缺氧，导致细胞窒息、脑部受损，最终使人体或生物体因呼吸中枢麻痹而死亡。砷是传统的剧毒物质，三价砷的毒性要比五价砷的毒性大得多，As_2O_3 即砒霜，对人体毒性很大。水体中的砷主要来源于有色金属采选和冶炼、化工、炼焦、发电、造纸及皮革等行业。砷能在人体内积累，长期饮用含砷的水会导致慢性中毒，主要症状是神经中枢紊乱、腹痛、呕吐，肝痛、肝大等消化系统障碍，并常伴有皮肤癌、肝癌、肾癌及肺癌等发病率增高等现象。

（2）重金属毒性物：主要有 Hg、Cr、Cd、Pb、Zn、Ni、Cu、Co、Mn、Ti、V、Mo、Sb 等，这些物质作为毒物具有如下共性。

①当以离子态存在时，毒性最强，故常称重金属离子毒物。

②低浓度时即可产生较大的毒性，一般情况下人饮服 0.1～10 mg 便可导致中毒死亡，Hg、Cd、Cr、Pb 等毒性更强，饮服 0.01～0.1mg 即可导致中毒。

③不能被微生物降解，相反有时在微生物作用下毒性剧增。例如，无机汞被微生物转化为烷基汞后，毒性大增。这种有机汞能在脑内积累，引起乏力、末梢神经麻木、动作失调、精神错乱、疯狂痉挛。

④能被生物成千上万倍地富集，例如，Hg、Cd、Cr 可被水生生物分别富集 100 倍、200 倍及 300 倍，既危害生物又通过食物链危害人体健康。

⑤它们都可进入人体，与生物大分子（如蛋白和酶）作用，使生物大分子失去活性，导致慢性中毒。

重金属离子尤以 Hg、Cd、Cr、Pb 毒性最强，且较为常见。Hg 离子主要来源于氯碱、聚氯乙烯、乙醛、乙酸乙烯的合成及电气仪表等工业，Cd 离子及 Cr 离子主要来源于采矿、冶金、电镀、制革、玻璃、陶瓷及塑料等工业，Pb 离子则主要出自采矿、冶金、化工、蓄电池、颜料、油漆等工业及汽车尾气。

3. 有机无毒物

有机无毒物又称耗（需）氧有机物或可生物降解有机物，主要是碳水化合物、蛋白质、脂肪等，其他的大多数为它们的降解产物。生活污水和大部分工业废水都含有大量的有机无毒物，天然水体中的这类物质则主要是水中生物生命活动的代谢产物。这些物质的共同特性是没有毒性，进入水体后，在微生物的作用下，最终分解为简单的无机物，并在生物氧化分解过程中消耗水中的溶解氧。因此，这些物质过多地进入水体，会造成水体中的溶解氧严重不足甚至耗尽，引起有机物厌氧发酵，分解出 CH_4、H_2S、NH_3 等气体，散发恶臭，污染环境。

耗氧有机物种类繁多，组成复杂，因而难以分别对其进行定量、定性分析。因此，一般不对它们进行单项定量测定，而是利用其共性（如它们比较易于氧化），采用某种指标间接地反映其总量和分类含量。氧化方式有化学氧化、生物氧化和燃烧氧化，都是以有机物在氧化过程中所消耗的氧或氧化剂的数量来替代有机物的数量。在实践过程中，常用下列指标来表示水中有机物的含量，即化学需氧量（COD）、生化需氧量（BOD）、总有机碳（TOC）。

（1）化学需氧量。化学需氧量指用化学氧化剂氧化水中的有机污染物时所需的氧量，以每升水消耗氧的质量表示（mg/L）。COD 值越大，表示水中的耗氧有机污染越重。目前常用的氧化剂主要是高锰酸钾和重铬酸钾。高锰酸钾化学需氧量（简记 COD_{Mn}）适用于分析污染较严重的水样。目前，国际标准化学组织规定，化学需氧量是指 COD_{Cr}，而 COD_{Mn} 称为高锰酸钾盐指数。

化学需氧量所测定的内容范围是不含氧的有机物和含氧有机物中碳的部分，实质上反映的是有机物中碳的耗氧量。另外，测定化学需氧量时，氧化剂不仅氧化了有机物，而且对各种还原态的无机物（如硫化物、亚硝酸盐、氨、低价铁盐）也具氧化作用。

（2）生化需氧量。在人工控制的条件下，使水样中的有机物在微生物作用下进行生物氧化，在一定时间内消耗的溶解氧的数量，可以间接地反映出有机物含量，这种水质指标称为生化需氧量，以每升水消耗氧的质量（mg/L）表示。生化需氧量越高，表示水中耗氧有机污染越重。

由于微生物分解有机物是一个缓慢的过程，通常微生物将耗氧有机物全部分解需要20天以上，并与环境温度有关。生化需氧量的测定常采用经验方法，目前国内外普遍采用在20℃条件下，以5天作为测定BOD的标准时间，记为BOD_5，或简称BOD。虽然BOD_5只能相对地反映出氧化有机物的数量，但是它在一定程度上也反映了有机物在一定条件下进行生物氧化的难易程度和时间进程，具有很大的使用价值。

（3）总有机碳。这是近年来发展起来的一种快速测定方法，它包含了水体中所有有机物的含碳量。测定方法是在特殊的燃烧器中，以铂为催化剂，在900℃温度下，使水样气化燃烧，燃烧后测定气体中的二氧化碳含量，从而确定水中的碳元素总量。在此总量中减去无机碳元素含量，即可得总有机碳。TOC虽可以用总有机碳元素量来反映有机物总量，但因排除了其他元素，仍不能直接反映有机物的真正浓度。

4.有机有毒物

有机有毒物指难以由微生物降解的有机物，这类物质多为人工合成的有机物，其特点是化学性质稳定，不易被微生物降解，多数具有疏水亲油性质，易被水中胶粒和油粒吸附扩散且在水生生物体内富集、积累，对人体及生物有毒害作用。有机有毒物的种类很多，其污染影响及作用也各不相同，在此仅列举几种主要的略做介绍。

（1）酚类化合物。酚是芳香族碳氧化合物，苯酚是其中最简单的一种。酚类化合物是有机合成的重要原料之一，具有广泛的用途。酚作为一种原生质毒物，可使蛋白质凝固，主要作用于神经系统。水体受酚污染后，会严重影响各种水生生物的生长和繁殖，使水产品产量和质量降低。

（2）有机农药。有机农药包括杀虫剂、杀菌剂和除草剂。从化学结构上看，有机农药可分为有机氯农药、有机磷农药和有机汞农药三大类。有机氯农药的特点是水溶性低而脂溶性高，易在动物体内累积，对动物和人体造成危害。

（3）多氯联苯（PCBs）。多氯联苯是一种化学性能极为稳定的化合物。它进入人体后主要蓄积在脂肪组织及各种脏器内。日本的米糠油事件，就是人食用被 PCBs 污染了的米糠油而导致中毒的。

（4）多环芳烃类。多环芳烃是指多环结构的碳氢化合物，其种类很多，如苯并芘、二苯并芘、苯并蒽、二苯并蒽等。其中以苯并芘最受关注，3，4－苯并芘已被证实是强致癌物质之一。在地表水中，已知的多环芳烃类有 20 多种，其中七八种具有致癌作用，如苯并蒽、苯并芘等。

5.其他污染物

（1）放射性物质。天然的放射性同位素 ^{238}U、^{226}Ra、^{232}Th 等一般放射性都很弱，对生物没有什么危害。人工的放射性污染主要来源于铀矿开采和精炼、原子能工业、放射性同位素的使用等。放射性污染物，通过水体可影响生物，亦可通过灌溉污染农作物，最后可由食物链进入人体。放射性污染物放射出的 α、β、γ 等射线均可损害人体组织，并可蓄积在人体内造成长期危害，导致贫血、白细胞增生、恶性肿瘤等放射性疾病。

（2）生物污染物。生物污染物主要来自生活污水、医院污水和屠宰肉类加工、制革等工业废水，主要通过动物和人体排泄的粪便中含有的细菌、病毒及寄生虫等污染水体，引起各种疾病传播。

（3）感官性污染物。感官性污染物是指色、味、泡沫、恶臭等，其副作用是刺激感官，影响景观、旅游和文体活动。

三、水污染防治

（一）污水处理技术

污水处理的基本原理是根据污染物与水的性质的差异，采用各种方法将其与水分离，或将其转化为无害和稳定的物质。根据污水处理的基本原理，现代的污水处理技术可以大致归纳为物理法、化学法、物理化学法和生物法四大类。

1.物理法

凡是应用物理作用改变废水成分的处理过程，统称为物理法，它的实质就是利用污染物与水的物理性质差异，通过相应的物理作用将污染物与水分离。物理法是最早采用的废水处理方法，目前，它已经成为大多数废水处理流程的基础。一般来说，采用物理法分离的对象是水中呈悬浮状态的污染物，即悬浮物（包括油膜和油珠）。废水处理常用的物理法包括筛滤法、重力法、离心法等。

（1）筛滤法

筛滤法针对污染物具有一定形状及尺寸大小的特性，利用筛网、多孔介质或颗粒床层机械截留作用，将其从水中去除，常用于悬浮物含量较高时污水的预处理。

筛滤的方式有以下几种。

①在水泵之前或废水渠道内设置带孔眼的金属板、金属网、金属栅，过滤水中的漂浮物和各种固体杂质，有用的截留物可用水冲洗回收。

②在过滤机上装上用帆布、尼龙布或针刺毡，过滤水中较细小的悬浮物，如造纸、纺织废水中的微粒、细毛等。

③以石英砂、无烟煤、磁铁矿等颗粒为介质可组成单层、双层和多层过滤床，它们可以有效地截留细小的颗粒、矾花、藻类、细菌及病毒。

（2）重力法

重力法是利用悬浮物与水密度的差异，使悬浮物在水中自然沉降或上浮，从而将其除去的方法。污染物的沉降和上浮的速度除了与其密度有关外，还与其尺寸大小及水相的性质有关，计算公式为

$$v = \frac{g}{18\mu}(\rho_s - \rho_i)d^2 \qquad (4\text{-}1)$$

式中：v——沉降或上浮速度，单位为 cm/s；

g——重力加速度，单位为 cm/s²；

μ——水的动力黏滞系数，单位为 g/（cm·s）；

ρ_s——悬浮固体密度，单位为 g/cm³；

ρ_i——废水的密度，单位为 g/cm³；

d——悬浮固体直径，单位为 cm。

生活污水中的悬浮物、选矿厂废水中的微细矿粒、洗煤厂废水的煤泥、肉类加工厂和制革厂等废水中的有机悬浮物、石油化工厂废水中的漂油等都可以利用重力法，使污染物沉降或上浮而加以分离。用沉降和上浮法处理废水，不仅可使废水得到一定程度的净化，而且有时可回收其中的有用成分。重力法在污水处理过程中占据极为重要的地位，许多其他污水处理方法最后也要联合重力法才能将水体中污染物完全除去。

利用重力法处理废水的设备形式有多种，如沉淀池、浓缩池、隔油池等。其中，沉淀池是分离悬浮物的一种常用处理构筑物，在废水处理中广为应用。它的形式很多，按池内水流方向可分为平流式沉淀池、竖流式沉淀池和辐流式沉淀池三种。通常在 1.5～2 h 的沉淀时间里，悬浮物的去除率可达 50%～60%。沉淀池由五个部分组成，即进水区、出水区、沉淀区、储泥区及缓冲区。进水区和出水区的功能是使水流的进入与流出保持均匀平稳，以提高沉淀效率。沉淀区是池子的主要部位。储泥区是存放污泥的地方，它起到储存、浓缩与排放的作用。缓冲区介于沉淀区和储泥区之间，其作用是避免水流带走沉在池底的污泥。沉淀池的运行方式有间歇式与连续式两种。在间歇运行的沉淀池中，其工作过程大致分为三步：进水、静置及排水。污水中可沉淀的悬浮物在静置时完成沉淀过程，然后由设置在沉淀池壁不同高度的排水管排出。在连续运行的沉淀池中，污水连续不断地流入与排出。污水中可沉颗粒的沉淀是在流过水池时完成的。

（3）离心法

离心法是重力法的一种强化，即用离心力场取代重力场来改善悬浮物与水分离的效果或加快分离过程。在离心设备中，废水与设备做相对旋转运动，形成离心力场，由于污染物与同体积的水质量不一样，所以在运动中受到的离心力也不同。在离心力场的作用下，密度大于水的固体颗粒被甩向外侧，废水向内侧运动（或废水向外侧，密度小于水的有机物如油脂类等向内侧运动）。分别将它们从不同的出口引出，便可达到分离的目的。

用离心法处理废水的设备有两类：一类是设备固定，具有一定压力的废水沿切线方向进入设备容器内，产生旋转，形成离心力场，如钢铁厂用于除铁屑等物的旋流沉淀池和水力旋流器等；另一类是设备本身旋转，使其中的废水产生离心力，如常用于分离乳浊液和油脂等物的离心机。

2.化学法

污水的化学处理法，就是根据污染物的化学活性，通过添加化学试剂进行化学反应来分离、回收污水中的污染物，或使其转化为无毒、无害的物质。污水的化学处理法主要用来去除污水中溶解性的污染物。属于化学处理法的有中和法、化学沉淀法、氧化还原法、电解法、混凝法等。

（1）中和法

根据酸性物质与碱性物质反应生成盐的基本原理，去除废水中过量的酸和碱，使其达到中性或接近中性的方法称中和法。

酸性废水常采用的中和方法有：用碱性废水和废渣进行中和，向废水中投放碱性中和剂进行中和，通过碱性滤料层过滤中和，用离子交换剂进行中和等。碱性废水常采用的中和方法有：用酸性废水进行中和，向废水中投加酸性中和剂进行中和，利用酸性废渣或烟道气中的 SO_2、CO_2 等酸性气体进行中和。常用的碱性中和剂有石灰、电石渣和石灰石、白云石。常用的酸性中和剂有废酸、粗制酸和烟道气。

（2）化学沉淀法

化学沉淀法是指往废水中投加某种化学药剂，使之与水中的溶解性物质发生反应，生成难溶于水的盐类，形成沉渣，从而降低水中溶解物质的含量。这种方法多用于除去废水中的汞、镍、铬、铅、锌等重金属离子。根据沉淀剂的不同，可分为：①氢氧化物沉淀法，即中和沉淀，是从废水中除去重金属的有效而经济的方法；②硫化物沉淀法，能更有效地处理含金属废水，特别是经氢氧化物沉淀法处理仍不能达到排放标准的含汞、含镉废水；③钡盐沉淀法，常用于电镀含铬废水的处理。

化学沉淀法是一种传统的水处理方法，广泛用于水质处理中的软化过程，也常用于工业废水处理，以去除重金属和氰化物。选择化学沉淀剂的依据一是生成沉积物的溶度积，二是经济成本。

（3）氧化还原法

废水中呈溶解态的有机和无机污染物，在投加氧化剂和还原剂后，由于电子的得失迁移而发生氧化还原反应，使污染物转化成无害的物质。常用的氧化剂有空气、漂白粉、氯气、液氯、臭氧等，含有硫化物、氰化物、苯酚的废水常用氧化法处理。常用的还原剂有铁屑、硫酸亚铁、硫酸氢钠等，含铬、汞的废水常用还原法处理。氧化剂或还原剂的选择应考虑：对废水中特定的污染物有良好的氧化作用，反应后的生成物应是无害的或易于从废水中分离，价格便宜，来源方便，常温下反应速度较快，反应时不需要大幅度调节 pH 值，等等。氧化处理法几乎可处理一切工业废水，特别适用于处理废水中难以被生物降解的有机物，如绝大部分农药和杀虫剂、酚、氰化物，以及引起色度、臭味的物质等。

（4）电解法

电解质溶液在电流的作用下，发生电化学反应的过程称为电解。在电解过程中，溶液与电源的正负极接触部分同时发生氧化还原反应。当对某些废水进行电解时，废水中的污染物在阳极失去电子（或在阴极得到电子）而被氧化（或还原）成新的产物。这些新的产物可能沉淀在电极表面或沉淀到反应槽底部，也可能在某些情况下形成气体逸出，从而降低了废水中污染物的浓度。这种利用电解的原理来处理某些废水的方法，即为废水处理中的电解法。目前，电解法主要用于处理含铬及含氰废水。

（5）混凝法

混凝法就是通过添加混凝剂使水中的胶体杂质和细小悬浮物脱稳并聚结成可以与水分离的絮凝体的过程。水中的胶体和微细粒子，通常表面都带有电荷（负电荷居多），如天然水中的黏土类胶体微粒、废水中的胶态蛋白质和淀粉微粒都带有负电荷。带有同种电荷的胶体颗粒之间相互排斥，能在水中长期保持分散悬浮状态，即使静置数十小时以后，也不会自然沉降。为了使胶体颗粒沉降，就必须破坏胶体的稳定性，促使胶体颗粒相互聚集成为较大的颗粒。混凝法就是通过混凝剂的电性中和、吸附架桥、网捕卷扫等作用使污水中的胶体颗粒失稳，进而凝聚成大颗粒而沉降去除。常用的混凝剂有硫酸铝、碱式氯化铝、硫酸亚铁、三氯化铁、聚合硫酸铁等。很多情况下为了加速沉降和提高处理效果，还可投加一些高分子絮凝剂，如聚丙烯酰胺等。

3.物理化学法

物理化学法分为气浮法、吸附法，离子交换法、萃取法、膜分离法等。

（1）气浮法

气浮就是往水中通入空气，并使其以微小气泡形式逸出，黏附水中微细悬浮物，形成整体密度小于水的气－液－固三相混合体，上浮至水面从而得以与水分离。为了提高气泡与悬浮污染物的黏附强度和效率，往往需要根据水质情况投加混凝剂或浮选剂。根据通入空气的方式不同，气浮法又可分为加压溶气气浮法、叶轮搅拌气浮法和射流气浮法。气浮法常用来从废水中分离那些密度接近于水的微小颗粒状污染物（包括油珠），例如炼油厂含油废水，含大量纤维、填料、松香胶状物的造纸废水及染色废水等常采用气浮法来净化处理。

（2）吸附法

吸附是一种物质附着在另一种物质表面的过程，它可以发生在气－液、气－固、液－固两相之间。吸附法处理废水就是将废水通过多孔性固体吸附剂，使废水中溶解性有机或无机污染物吸附到吸附剂上。常用的吸附剂为活性炭，通过吸附剂的吸附可去除污水中的酚、汞、铬、氰等有害物质和水中的色、臭等。目前吸附法多用于水的深度处理，根据其操作过程又可分为静态吸附和动态吸附两种。所谓静态吸附是在污水不流动的条件下操作；动态吸附则是污水以流动状态不断经过吸附剂层，污染物不断被吸附的操作过程。大多数情况下，污水处理都采用动态吸附操作，常用的吸附设备有固定床、移动床和流化床三种。

（3）离子交换法

离子交换法与吸附法类似，所不同的是离子交换树脂在吸附水中的欲去除离子时，同时也向水相释放出等量的交换离子，此方法是硬水软化的传统方法，在污水处理中常用于深度处理。可去除的物质主要有铜、镍、镉、锌、汞、磷酸、硝酸、氨和一些放射物质等。离子交换剂有无机离子交换剂和有机离子交换剂（树脂）两大类，采用此法处理污水必须考虑离子交换剂的选择性即交换能力的大小。离子交换剂的选择性主要取决于各种离子对该种离子交换剂亲和力的大小。

（4）萃取法

萃取的实质是利用溶质（一般污染物）在水中和溶剂（萃取剂）中的溶解度差异进行的一种分离过程。将不溶于水或难溶于水的溶剂投入污水中，由于溶解度的差异，溶质则转移溶于溶剂中，然后利用溶剂与水的密度差，将溶解有溶质的溶剂分离出来，便可达到净化的目的。一般情况下，萃取剂是要再生循环使用的，再生的方法主要有蒸馏法，即利用溶质与溶剂的沸点不同来进行分离，此外，也可投加化学药剂使溶质生成不溶于溶剂的盐来进行分离。萃取法用得较多的是含酚废水的处理，例如可采取乙酸丁酯、重质苯、异丙醇等萃取回收水中的酚，常用的萃取设备有脉冲筛板塔、离心萃取机等。

（5）膜分离法

膜分离法是利用特殊的薄膜对污水中的污染物进行选择性透过的分离技术，根据膜的性质及分离过程的推动力，其可分为电渗析、扩散渗析、反渗透和超滤等四种方法。

①电渗析。在直流电场的作用下，废水中的离子朝相反电荷的极板方向迁移，由于离子交换膜的选择性透过作用，阳离子穿透阳离子交换膜而被阴离子交换膜所阻隔。同样，阴离子穿透阴离子交换膜而被阳离子交换膜所阻隔。由于离子的定向运动及离子交换膜的阻挡作用，当污水通过由阴、阳离子交换膜所组成的电渗器时，污水中的阴阳离子便可得以分离而浓缩，水得以净化。此法可以用于酸性废水、含重金属离子废水及含氰废水的处理等。

②扩散渗析，扩散渗析是使高浓度溶液中的溶质透过薄膜向低浓度溶液中迁移的过程。与电渗析不同的是推动力不是电场力，而是膜两侧的溶液浓度差。此法主要用于分离废水中的电解质，例如酸碱废液的处理、废水中金属离子的回收等。

③反渗透，反渗透是以压力为推动力的膜分离过程，即溶液中的水在压力作用下，透过特殊的半透膜，污染物则被膜所截留。这样污水得以浓缩，透过半透膜的水得以净化。此法主要用在海水淡化、高纯水的制取和废水的深度处理及去除细菌、病毒、有害离子等。

④超滤，又称超过滤，其作用原理与反渗透类似，所不同的是其所用的超滤膜孔径较半透膜要大，主要用于去除废水中的大分子物质和微粒。超滤膜截留大分子物质和微粒的机理是利用膜表面的孔径机械筛分、阻滞作用及膜表面及膜孔对杂质的吸附作用，其中主要是机械筛分作用，所以膜的孔隙大小是分离杂质的主要控制因素。

4.生物法

废水生物处理是通过微生物的新陈代谢作用，将废水中有机物的一部分转化为微生物的细胞物质，另一部分转化为比较稳定的无机物和有机物的过程。自然界存在大量可分解有机物的微生物，实际上废水的生物处理方法就是自然界微生物分解有机物的人工强化，即通过创造有利于微生物生长、繁殖的环境，使微生物大量繁殖，以提高其分解有机物的效率。当所采取的人工强化措施不起实质性作用时，可尝试采用自然生物处理法。一般情况下，人们习惯根据废水处理的生化反应过程需氧与否，把废水的生物处理分为好氧生物法和厌氧生物法两大类。

（1）好氧生物法

在废水好氧生物处理过程中，氧是有机物氧化时的最后氢受体，正是由于这种氢的转移，才使能量释放出来，成为微生物生命活动和合成新细胞物质的能源，所以，必须不断地供给足够的溶解氧。

好氧生物处理时，一部分被微生物吸收的有机物氧化分解成简单无机物（如有机物中的碳被氧化成二氧化碳，氢与氧化合成水，氮被氧化成氨、亚硝酸盐和硝酸盐，磷被氧化成磷酸盐，硫被氧化成硫酸盐等），同时释放出能量，作为微生物自身生命活动的能源。另一部分有机物则作为其生长繁殖所需的构造物质，合成新的原生质。这种氧化分解和同化合成过程可以用下列生化反应式表示。

有机物的氧化分解（有氧呼吸）：

$$C_xH_yO_z + \left(x + \frac{1}{4}y - \frac{1}{2}z\right)O_2 \quad -酶 \rightarrow \quad xCO_2 + \frac{1}{2}yH_2O + 能量 \tag{4-2}$$

原生质的同化合成（以氨为氮源）：

$$nC_xH_yO_z + NH_3 + \left(nx + \frac{n}{4}y - \frac{n}{2}z - 5\right)O_2 + 能量 - 酶 \rightarrow C_5H_7NO_2$$

$$+ (nx - 5)CO_2 + \frac{n}{2}(y - 4)H_2O \tag{4-3}$$

原生质的氧化分解（内源呼吸）：

$$C_5H_7NO_2 + 5O_2 - 酶 \rightarrow 5CO_2 + 2H_2O + NH_3 + 能量 \tag{4-4}$$

由此可见，当废水中营养物质充足时，即微生物既能获得足够的能量，又能大量合成新的原生质（$C_5H_7NO_2$ 为细菌的组成的化学式，这里用以指代原生质）时，微生物就不断增长；当废水中营养物质缺乏时，微生物只能依靠分解细胞内储藏的物质，甚至把原生质也作为营养物质利用，以获得生命活动所需的最低限度的能量，在这种情况下，微生物无论质量还是数量都是不断减少的。

在好氧处理过程中,有机物用于氧化与合成的比例,随废水中有机物性质而异。对于生活污水或与之相类似的工业废水,BOD_5 中有 50%～60%转化为新的细胞物质。好氧生物处理时,有机物的转化过程如图 4-1 所示。

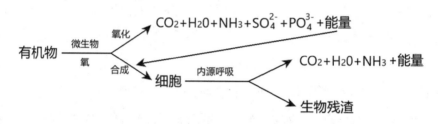

图 4-1　有机物的好氧分解过程

好氧生物法又分为活性污泥法和生物膜法等。

①活性污泥法

这是当前使用最广泛的一种生物处理方法。将空气连续注入曝气池的污水中,经过一段时间,水中即形成繁殖有巨量好氧微生物的絮凝体——活性污泥。活性污泥能够吸附水中的有机物,生活在活性污泥中的微生物以有机物为食料,获得能量并不断生长繁殖,有机物被去除,污水得以净化。

从曝气池流出并含有大量活性污泥的混合液,经沉淀分离,水被净化排放,沉淀分离后的污泥作为种泥,部分回流曝气池。

活性污泥法经不断发展已有多种运行方式,如传统活性污泥法、阶段曝气法、生物吸附法、完全混合法、延时曝气法、纯氧曝气法、深井曝气法、氧化沟法、二段曝气法(AB 法)、缺氧/好氧活性污泥法(A/O 法)、序批式活性污泥法等。活性污泥法是城市生活污水处理的主要方法。

②生物膜法

生物膜法是与活性污泥法并列的一类废水好氧生物处理技术,是一种固定膜法,是土壤自净过程的人工化和强化。它以天然材料(如卵石)、合成材料(如纤维)为填料,微生物在填料表面聚附着,从而形成生物膜,经过充氧的污水以一定的流速流过填料时,生物膜中的微生物吸收、分解水中的有机物,使污水得到净化,同时微生物也得到增殖,生物膜随之增厚。当生物膜增长到一定厚度时,向生物膜内部扩散的氧受到限制，其表面仍是好氧状态，而内层则会呈缺氧甚至厌氧状态，并最终导致生物膜的脱落。随后，填料表面还会继续生长新的生物膜，周而复始，使污水得到净化。生物膜有多种处理构筑物，如生物滤池、生物转盘、生物接触氧化及生物流化床等。

（2）厌氧生物法

有机物的厌氧分解过程分为三个阶段（见图4-2）。

第一阶段为水解发酵阶段。在该阶段，复杂的有机物在厌氧菌胞外酶的作用下，首先被分解成简单的有机物，如纤维素经水解转化成较简单的糖类，蛋白质转化成较简单的氨基酸，脂类转化成脂肪酸和甘油，等等。继而这些简单的有机物在产酸菌的作用下经过厌氧发酵和氧化转化成乙酸、丙酸、丁酸等脂肪酸和醇类等。参与这个阶段的水解发酵菌主要是厌氧菌和兼性厌氧菌。

第二阶段为产氢产乙酸阶段。在该阶段，产氢产乙酸菌把除乙酸、甲酸、甲醇以外的第一阶段产生的中间产物，如丙酸、丁酸等脂肪酸和醇类等转化成乙酸和氢，并有 CO_2 产生。

第三阶段为产甲烷阶段。在该阶段中，产甲烷菌把第一阶段和第二阶段产生的乙酸、H_2 和 CO_2 等转化为甲烷。厌氧生物法具有处理过程消耗的能量少，有机物的去除率高，沉淀的污泥少且易脱水，可杀死病原菌，不需投加氮、磷等营养物质等优点。但是，厌氧菌繁殖较慢，对毒物敏感，对环境条件要求严格，最终产物尚需需氧生物处理。

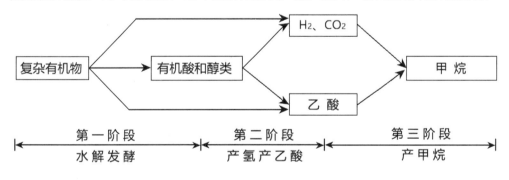

图4-2　有机物厌氧分解过程

厌氧分解过程中，由于缺乏氧作为氢受体，因而对有机物分解不彻底，代谢产物中有众多的简单有机物。

利用兼性厌氧菌和专性厌氧菌的新陈代谢功能净化污水，尚可产生沼气，该方法过去主要用于污泥的厌氧消化。经过多年的发展，该方法现在成为污水处理的方法之一。它不但可用于处理高浓度和中浓度的有机污水，还可以用于低浓度有机污水的处理。

厌氧生物法的处理工艺设备有普通消化池、厌氧消化池、上流式厌氧污泥床、厌氧附着膜膨胀床、厌氧流化床、升流式厌氧污泥床－滤层反应器等。

（3）自然生物处理法

利用天然的水体和土壤中的微生物来净化废水的方法称为自然生物处理法。水体自净过程、稳定塘和废水土地处理法等都是最常用的自然生物处理法。

稳定塘是一种大面积、敞开式的污水处理系统，其净化机理与活性污泥法相似。废水在稳定塘中停留一段时间，利用藻类的光合作用产生氧及从空气溶解氧，以微生物为主的生物对废水中的有机物进行生物降解。稳定塘根据水深及生态因子的不同可分为兼性塘、曝气塘、好氧塘、厌氧塘和水生植物塘五类。稳定塘在小城镇污水处理方面应用较为广泛。废水土地处理法是指利用土地来处理污水，即利用土壤生态系统中土壤的过滤、截留、物理和化学吸附、化学分解、生物氧化及微生物和植物的吸收等作用来净化污水，改善水质。

自然生物处理法的优点是：基建投资省、运行费用低、管理方便，且对难以生物降解的有机物、氮磷营养物等的去除率较高。在一定条件下，稳定塘还能作为养殖塘加以利用，污水灌溉则可将污水和其中的营养物质作为水肥资源利用。但是，污水自然生物处理法需要占用一定土地资源，设计和处理不当会恶化公共卫生状况。

（二）污水处理流程

工业废水和生活废水中污染物性质复杂，种类繁多，很难用一种方法就将所有的污染物除净或达到要求的净化程度，即使技术上能做得到，经济上也往往难以承受。实际污水处理过程往往都是多种处理技术单元的有机组合。这种组合一般遵循先易后难、先简后繁的规律，即首先去除大块废物和漂浮物，然后依次去除悬浮固体、胶体物质、溶解性物质。亦即一般尽可能首先使用物理法，然后再使用化学法、物理化学法及生物处理法。

污水处理工艺流程选择的影响因素较多，主要有：①污水的水质、水量及所需处理的程度等；②工程造价与运行费用；③当地的地形、气候等条件。总之，污水处理工艺流程应根据具体的情况，进行调查研究并经科学实验和技术经济比较后决定。一般来说，生活污水和城市污水的性质相对变化不大，经验积累较多，已形成较为典型的处理流程，根据处理任务的不同，污水处理系统可以归纳为以下三级处理。

1.一级处理

主要处理对象是漂浮物和悬浮物，采用的处理设备依次为格栅、沉砂池和沉淀池。经一级处理后，出水 BOD 去除率约为 30%，一般达不到排放要求，还须进行二级处理。截留于沉淀池的污泥可进行污泥消化或其他方法处理。条件许可时，出水可排放于水体或用于污水灌溉。

2.二级处理

在一级处理的基础上，再进行生物处理，称为二级处理。其去除对象是污水中呈胶体态和溶解态的有机物。二级处理工艺按 BOD 的去除率可分为两类：一类 BOD 去除率为 75% 左右（包括一级处理），处理后出水 BOD 达 60 mg/L，称为不完全二级处理；另一类 BOD 去除率达 85%~95%（包括一级处理），处理后出水 BOD 达 20 mg/L，称为完全二级处理。二级处理采用的典型设备有生物曝气池（或生物滤池）和二沉池，产生的污泥经浓缩再进行厌氧消化或其他方法处理。二级处理的主体工艺是生物化学处理。

3.三级处理和深度处理

在二级处理之后，为了进一步去除二级处理所残留的污染物、营养物质（N 和 P）、微生物及其他溶解物质等所采用的处理措施为三级处理。经过三级处理，BOD 能够从 20~30 mg/L 降至 5 mg/L 以下，且大部分 N、P 被去除。具体采用的方法有化学絮凝、过滤等。有时，三级处理的目的不是排放，而是直接回收，这时，三级处理的去除对象还包括废水中的细小悬浮物及难以生物降解的有机物、微生物和无机盐等，采用的方法还有吸附、离子交换、反渗透、消毒等。三级处理与深度处理虽然在处理程度或深度上基本相同，然而其概念还是有所区别的。三级处理强调顺序性，即其前必有一、二级处理；深度处理其前不一定要有其他处理。

各种工业废水的水质千差万别，其处理要求也不一致。

（三）水体污染综合防治

随着工业的发展、城市规模的扩大和人民生活水平的提高，废水的产量与日俱增，废水中的污染成分日趋复杂，污染物的数量日益增加。在这种情况下，仅仅强调污染源的治理远远不能彻底解决水体污染问题。因为这样做不仅耗资大、耗能多，而且难以控制污染，不能从根本上解决水体污染问题。因此，采取控制废水排放、充分循环利用、综合处理、区域防治和加强管理等综合措施，成为防治水体污染的发展方向。

1.建立自然净化系统

每个企业、居民点、区域和地方，都要根据水源、水质、污染、治理等综合情况，有条件地建立和利用自然净化能力。

（1）水体自净作用。前面已经介绍，水体本身是一个天然的污水净化场所，许多废水所带入的污染物可以在水体中得到自然净化，但应注意不应超出水体的自净能力。

（2）土壤的自净作用。某些污水灌溉农田、草场或休闲地不仅能利用水资源，而且也能够充分利用土壤的自净作用，净化废水。其净化作用主要有土壤本身的吸附、过滤、离子交换及微生物和植物根系的吸附和分解等，值得注意的是，土壤污染后恢复较慢，应避免超过其自净能力和污染地下水。

2.控制废水排放

控制废水排放的着眼点是，不要被动地等到废水产生后再进行末端治理，而是要采取积极的办法使污水消除在生产过程中，或减少生产过程中的废水排放量，其措施如下。

（1）改革生产工艺和管理制度，发展水量消耗少的工艺，尽可能减少和避免跑、冒、滴、漏，降低新鲜水的补充量。

（2）提高水的重复利用率。重复用水就是根据不同的生产工艺对水质的不同要求，即将甲工段排出的废水送往乙工段，将乙工段排出的废水送往丙工段，实现一水多用。当然亦可在各工段用水之间进行适当的处理，此外，也可根据实际情况进行循环处理使用。

（3）改革生产工艺，实现清洁生产，尽量不用或少用易产生污染的原料及工艺。例如采用无水印染工艺，印染时不用水，则每染一匹布大约可少排废水 20 t；又如采用无氰电镀工艺,在生产过程中用非氰化物电解液代替氰化物电解液,可避免生产用水中含有毒的氰化物。

(4)经过一定处理的废水不排入水体,优先考虑农田灌溉、养殖鱼类和藻类等水生动植物。

3.统一规划处理系统

根据工矿区和城镇的水系分布情况,分区、分段研究和确定污染负荷、治理状况和自净程度,建立统一的布局和处理系统。

(1)建立综合性污水处理厂。城镇污水和工业废水通过排水管道集中在一起,在统一的污水处理厂处理。其优点是建设投资少,便于统一管理,节省占地面积,能充分发挥技术措施的作用。

(2)调整工业布局。水体的自净能力是有限的,合理的工业布局可以充分利用自然环境的自净能力,变恶性循环为良性循环,起到发展经济、控制污染的作用,在缺水较严重的地区,不兴建耗水量大的企业。对于用水量大、污染严重又无有效治理措施的企业应采取关、停、并、转的措施,尤其是那些城镇生活区、水源保护区、名胜古迹、风景游览区、疗养区、自然保护区不允许建设污染水体的企、事业单位。

(3)修建调节水库和曝气设施。在小区段利用这些设施调节水量,降低水的污染程度,同时增加水体的溶解氧量和自净能力。

(4)在一定范围内组织闭路水系统。在一个工厂、一个区域可组织闭路工业和生活用水系统,使废水循环使用或以废治废。

总之,实践证明,由于技术、经济、资源等条件的限制,单一的治理措施难以从根本上解决水的污染问题,而全面规划、综合防治才能比较经济、有效地解决污染问题。

第三节　固体废物的环境生态工程

一、固体废物的定义与分类

（一）固体废物的定义

固体废物，是指在生产、生活和其他活动中产生的丧失原有利用价值或者虽未丧失利用价值但被抛弃或者放弃的固态、半固态和置于容器中的气态的物品、物质，以及法律、行政法规规定纳入固体废物管理的物品、物质。从循环经济和资源化利用角度分析，固体废物又称为放错地方的原料。

与水污染物、大气污染物相比较，固体废物具有下列特征。

（1）时空性。固体废物是在一定时间和地点被丢弃的物质，是放错地方的资源，因此固体废物的"废"具有明显的时间性和空间性。时间性是指"资源"和"废物"是相对的，不仅生产、加工过程中会产生大量被丢弃的物质，任何产品和商品经过一定时间的使用后都会变成废物，因此，固体废物处理和资源化将是我们长期面对的问题和任务。空间性是指固体废物在某一个过程和某一个方面没有使用价值，但往往会成为另外过程的原料。

（2）持久危害性。固体废物成分复杂而多样（有机物与无机物、金属与非金属、有毒物与无毒物、单一物与聚合物），在进入人们生活环境后降解的过程漫长、复杂，难以控制。如"20世纪最糟糕的发明"塑料在环境中降解的时间长达几百年，与废水、废气相比对环境的危害更为持久。

因此，与其他环境问题相比，固体废物问题有"四最"。

（1）最难处置的环境问题。因为固体废物含有的成分相当复杂，来源多种多样，其物理性状也千变万化，所以处理的难度很大。

（2）最具综合性的环境问题。固体废物既是各种污染物的富集终态，又是土壤、大气、地表水、地下水的污染源，因此固体废物的处理具有综合性特征。如垃圾填埋场在处理垃圾的同时，必须考虑垃圾渗滤液和产生的气体的处理问题。

（3）最晚得到重视的环境问题。从国内外总的趋势看，固体废物污染问题与大气污染、水污染等问题相比是最后引起人们的注意，也是最少得到重视的环境问题。

（4）最贴近生活的环境问题。固体废物问题，尤其是城市生活垃圾，最贴近人们的日常生活，因而是与人类生活最息息相关的环境问题。

（二）固体废物的分类

固体废物种类繁多，性质各异，分类方法很多，常见的有以下三种分类方法。

1.按其来源分

固体废物按其来源可分为矿业固体废物、工业固体废物、农业固体废物、城市生活垃圾、环境工程废物和有害固体废物六类。

（1）矿业固体废物

矿业固体废物来自矿山开采与选矿加工过程，主要包括尾矿、废矿石、废渣、剥离物、煤矸石等。其性质因矿物成分不同而异，量大类多。

（2）工业固体废物

工业固体废物来自轻、重工业生产和加工、精制等过程中产生的固态和半固态废物，主要包括化学工业、石油化工工业、有色金属工业、交通运输、机械工业、轻工业、建筑材料工业、纺织工业、食品加工工业等产生的废物。该类废物具有来源广、种类繁杂、数量巨大等特点。

（3）农业固体废物

农业固体废物来自农林牧渔业生产、加工和养殖过程所产生的固态和半固态废物。

（4）城市生活垃圾

城市生活垃圾来自城市日常生活或为城市日常生活提供服务的活动中产生的固体废物，以及法律、行政法规规定视为生活垃圾的固体废物，主要包括厨余物、废纸屑、废塑料、废橡胶制品、废编织物、废金属、废玻璃、废旧家用电器、废旧家具等。城市生活垃圾的组成、产量及组分与城市人口数量、居民生活水平、生活习惯、季节气候、环境条件等因素有密切关系。

（5）环境工程废物

环境工程废物主要是指在处理和处置废水、废气过程中产生的污泥、粉尘等。随着人们对环境治理的重视和大量环保设备投入运营，这类废物的数量越来越大，如 2018 年我国污水处理厂产生的泥饼（含水率 80%）达到 4 000 万吨，剩余污泥的处置技术成为环境领域的研究热点。

（6）有害固体废物

有害固体废物又称危险废物，主要来自核处理、核电工业、医疗单位及化学工业，属于危险品范畴，具有腐蚀性、剧毒、传染性、反应性、易燃性、易爆性、放射性等特点。此类废物危害极大，需要做无害化处理和安全处置。

2.按其危害状况分

固体废物按其危害状况可分为一般废物和有害废物。一般废物是指不具有危险特性的固体废物，有害废物包括危险废物和放射性废物，危险废物是指列入国家危险废物名录或国家规定的危险废物鉴别标准和鉴别方法认定的具有危险特性的废物，放射性废物是指放射性核素含量超过国家规定限制的固体、液体和气体废物。

3.按其形状分

固体废物按其形状可分为粉状、粒状、块状以及污泥状半固体废物。

二、固体废物的危害、处理与防治

（一）固体废物的污染途径

固体废物，特别是有害固体废物，如处理和处置不当，其中的有毒有害物质（重金属、病原微生物）可以通过环境介质——大气、土壤、地表或地下水体进入生态系统，形成污染，对人体产生危害，同时破坏生态环境。其具体进入途径取决于固体废物本身的物理、化学和生物性质，而且与固体废物处置场地的地质、水文条件有关。

固体废物污染途径是多方面的，主要有下列几种：①通过填埋或堆放渗漏到地下，污染地下水源；②通过雨水冲刷流入江河湖泊，造成地面水污染；③通过废物堆放或焚烧使臭气与烟雾进入大气，造成大气污染；④有些有害毒物施用在农田里，通过生物链的传递和富集进入食品，进而进入人体。

（二）固体废物的危害

1.对土壤环境的影响

固体废物任意露天堆放，必将占用大量的土地，破坏地貌和植被。据估算，每堆积 1×10^4 t 废渣约占地 667 m²。固体废物及其淋洗和渗滤液中所含有害物质会改变土壤的性质和结构，并对土壤中微生物产生影响。这些有害成分的存在，不仅有碍植物根系的发育和生长，而且还会在植物体内积蓄，通过食物链危害人体健康。

固体废物中的有害物质进入土壤后，还可能在土壤中积。我国西南某市郊因农田长期堆放垃圾，土壤中汞浓度超过本底值 8 倍，铜、铅浓度分别增加 87%和 55%，给作物的生长等带来了危害。

2.对大气环境的影响

堆放的固体废物中的细微颗粒、粉尘随风飞扬，会对大气环境造成污染。据研究表明，当风力在 4 级以上时，粉煤灰或尾矿堆表层的粒径小于 1.5 cm 的粉末将出现剥离现象，其飘扬的高度可达 20～50 m。而且堆积的废物中某些物质发生化学反应，可以产生毒气或恶臭，造成地区性空气污染。例如，我国大量堆放的煤矸石遇水后产生物理化学反应，经常发生自燃和爆炸。自 20 世纪 80 年代以来，河南平顶山煤业集团曾发生过 50 多起矸石山自燃和爆炸事件，自燃过程中产生大量的二氧化硫，对当地空气造成污染。

垃圾填埋场堆放过程中产生的沼气也会对大气环境造成影响，在一定程度上加剧了全球温室效应，目前国内部分垃圾填埋场通过采用清洁发展机制（CDM）来收集、处理沼气，达到节能减排的目的。

3.对水环境的影响

在世界范围内，有不少国家直接将固体废物倾倒于河流、湖泊或海洋。在这个过程中，固体废物随天然降水或地表径流进入河流、湖泊，污染地表水，并产生渗滤液渗透到土壤中，进入地下水，使地下水受到污染；废渣直接排入河流、湖泊或海洋，能造成更大的污染。生活垃圾未经无害化处理就任意堆放，也会造成许多城市的地下水污染。

4.对环境卫生的影响

固体废物中含有有机物，处理和处置不当或随意堆置会滋生蚊蝇，有机物厌氧降解会产生氨和硫化氢等有害气体，危及人类健康。此外，固体废物大量堆放而又处理不当，影响视觉和市容，妨碍景观，影响人们的正常生产和生活。

（三）固体废物的处理和处置方法

1.固体废物的处理方法

固体废物处理是指通过物理、化学、生物等方法，使固体废物转化为便于运输、储存、资源化利用以及最终处置的过程。按照处理方法的原理，固体废物的处理方法可划分为物理处理、化学处理、生物处理、热处理和固化处理。

（1）物理处理。物理处理是指通过浓缩或相的变化改变固体废物的结构或状态，不破坏固体废物的化学组成，使之成为便于运输、储存、利用或处置的形态。固体废物的物理处理通常作为后续处理处置或资源化前的一种预处理过程，常用的方法有压实、破碎、分选、浓缩、脱水等。

（2）化学处理。化学处理是指采用化学方法将固体废物中有害成分转化为无害组分，或将其转变成适于进一步处理和处置的形态，或使固体废物发生化学转化从而回收物质和能源。该方法适于处理所含成分单一或所含几种化学成分特性相似的废物，包括中和、氧化还原、化学沉淀和化学溶出等方法。

（3）生物处理。生物处理是指利用微生物分解固体废物中可降解的有机物，从而达到无害化或综合利用的目的，或通过一些特异微生物的作用，使固体废物性质发生改变，有利于有害成分的溶出。生物处理具有经济、环境友好的特点，按照对于氧气的需求程度，生物处理可以进一步划分为厌氧处理、缺氧处理和好氧处理。

（4）热处理。热处理是指通过高温破坏和改变固体废物的组成和结构，达到减量化、无害化和资源化目的。热处理方法包括焚烧、热解、焙烧、烧结和湿式氧化等。

（5）固化处理。固化处理是指采用惰性材料（固化基材）将有害废物固定或包覆起来以降低其对环境的危害，进而较安全地运输和处置的一种处理过程。该方法适用于危险废物和放射性废物，常是危险废物和放射性废物安全填埋或浅（深）地层埋藏处置前的预处理。常使用的固化剂包括水泥、沥青、塑料和玻璃等。

2.固体废物的处置方法

固体废物的处置是指将固体废物焚烧和用其他改变固体废物的物理、化学、生物特性的方法，达到减少已产生的固体废物数量、缩小固体废物体积、减少或者消除其危险成分，或者将固体废物最终置于符合环境保护规定要求的填埋场的活动。某些固体废物经过处理和利用，总是会有部分残渣存在，有些残渣还含有浓度较高的有毒有害成分；另外，有些固体废物在目前技术经济条件下尚无法利用，如让其长期滞留于环境中，是一种潜在污染源，因此必须对它们进行最终处置。

根据处置场所的不同，固体废物的处置分为海洋处置和陆地处置，海洋处置有海洋倾倒和海上焚烧，我国海洋环境保护法已经禁止在海上焚烧固体废物，海洋倾倒需要得到国家海洋行政主管部门审查批准，并领取许可证。陆地处置分为深井灌注、土地填埋。

（四）固体废物污染防治技术

1.减量化技术

固体废物"减量化"是指通过适当的技术，一方面减少固体废物的排出量（例如在废物产生之前，采取改革生产工艺、产品设计和改变物资能源消费结构等措施），另一方面减少固体废物容量（例如在废物排出之后，对废物进行分选、压缩、焚烧等加工工艺）。

（1）生产源头减量化技术

固体废物污染控制需从两个方面入手：一是减少固体废物的排放量，二是防治固体废物污染。为使得工业生产中固体废物产量减少，需积极推行清洁生产审核制度，鼓励和倡导不断采取改进设计，使用清洁的能源和原料，采用先进的技术和设备，从源头减少固体废物污染，提高资源利用效率，减少或消除在生产、服务和产品使用过程中产生的固体废物，以减轻或消除固体废物对人类健康或环境的危害。

我国工业规模大、工艺相对落后，因而固体废物产量大。提高我国工业生产水平和管理水平，全面推行无废、少废工艺和清洁生产，减少废物产量是固体废物污染控制的有效途径之一。对于工业固体废物，可采取以下主要控制措施。

①采用先进生产工艺，实现经济增长方式的转变，限期淘汰固体废物污染严重的落后生产工艺和设备。为加快转变经济发展方式，推动产业结构调整和优化升级，国家发展和改革委员会不定期发布《产业结构调整指导目录》，从源头上减少固体废物产量。

②采用清洁的资源和能源。

③改用精料。

④改进生产工艺，采用无废或少废技术和设备。

⑤加强生产过程控制，提高管理水平，提高员工环保意识。

⑥提高产品质量和寿命。

⑦发展物质循环利用工艺。

⑧进行综合利用。

⑨进行无害化处理与处置。

城市生活垃圾的产量与城市人口、燃料结构、生活水平等有密切关系，其中人口是决定城市垃圾产量的主要因素。为有效控制生活垃圾的污染，可以采取以下措施。

①鼓励城市居民使用耐用环保物质资料，减少对假冒伪劣产品的使用。

②加强宣传教育，积极推进城市垃圾分类收集制度。按垃圾的组分进行垃圾分类收集，不仅有利于废品回收与资源利用，还可大幅度减少垃圾处理量。分类收集过程中通常可把垃圾分为易腐物、可回收物、不可回收物几大类。其中可回收物又可按纸、塑料、玻璃、金属等几类分别回收。

③改进城市的燃料结构，提高城市的燃气化率。我国城市垃圾中，有相当一部分是煤灰。如果改变居民的燃料结构，较大幅度提高民用燃气的使用比例，则可大幅度降低垃圾中的煤灰含量，减少生活垃圾总量。

④进行城市生活垃圾综合利用。

⑤进行城市生活垃圾的无害化处理与处置，通过焚烧处理、卫生填埋处置等无害化处理处置措施，减轻污染。

实施垃圾分类回收是从源头削减城市垃圾处理量的最有效方法，德国、日本、英国、澳大利亚等国家早已开展生活垃圾分类工作。我国十分重视生活垃圾分类工作，2016年12月，习近平总书记主持召开中央财经领导小组会议，研究普遍推行垃圾分类制度，强调要加快建立分类投放、分类收集、分类运输、分类处理的垃圾处理系统，形成以法治为基础、政府推动、全民参与、城乡统筹、因地制宜的垃圾分类制度，努力提高垃圾分类制度覆盖范围。2019年起，全国地级及以上城市全面启动生活垃圾分类工作，2020年底46个重点城市基本建成垃圾分类处理系统，预计到2025年年底前，全国地级及以上城市将基本建成垃圾分类处理系统。

（2）生产过程末端减量化技术

①固体废物的压缩

固体废物的压缩又称压实，是指用机械方法增加固体废物聚集程度，增大容重和减少固体废物表观体积，提高运输与管理效率的一种操作技术。

固体废物经过压缩处理，一方面可增大容重，缩小固体废物体积，便于装卸和运输，确保运输安全与卫生，降低运输成本；另一方面可制取高密度惰性材料，便于储存、填埋或作为建筑材料使用。

固体废物压缩设备可分为固定式和移动式两大类。凡是采用人工或机械方法将废物送到压缩机里进行压缩的设备为固定式，如废物收集车上配备的压实器及转运站配置的专用压实机等。移动式是指在填埋现场使用的轮胎式或履带式压土机、钢轮式布料压实机及其他专门设计的压实机具。

②固体废物的分选工艺

固体废物的分选是指将固体废物中各种可回收利用的废物或不利于后续处理的废物组分采用适当技术分离出来的过程。

固体废物的分选技术可概括为人工分选和机械分选。人工分选是在分类收集基础上，主要回收纸张、玻璃、塑料、橡胶等物品的过程，该方法适用于废物产源地、收集站、处理中心、转运站或处置场。目前，活跃在我国城乡的"拾荒大军"就是对固体废物的人工分选。

根据废物组成中各种物质的粒度、密度、磁性、电性、光电性、摩擦性及弹性的物理差异，机械分选方法可分为筛分、重力分选、磁力分选、电力分选和摩擦与弹跳分选。

A．筛分

筛分是利用筛子将废物中小于筛孔的细粒物料透过筛面，而大于筛孔的粗粒物料留在筛面上，完成粗、细粒物料的分离过程。该方法在城市生活垃圾和工业废物的处理上得到了广泛的应用，包括湿式筛分和干式筛分两种操作类型。

在固体废物预处理中，最常用的筛分设备有固定筛、滚筒筛、振动筛。

B．重力分选

重力分选是根据固体废物中不同物质颗粒间的密度差异，在运动介质中利用重力、介质动力和机械力的作用，使颗粒群产生松散分层和迁移分离，从而得到不同密度产品的分选过程。重力分选的介质有空气、水、重液（密度比水大的液体）、重悬浮液等。

按分选介质不同，重力分选可分为风力分选、跳汰分选、重介质分选、摇床分选和惯性分选 5 种类型，相对应的分选设备为风力分选机、跳汰机、重介质分选机、摇床和惯性分选机。

C．磁力分选

磁力分选是利用固体废物中各种物质的磁性差异在不均匀磁场中进行分选的方法。该方法有两种类型：一类是传统的磁选，主要应用于供料中磁性杂质的提纯、净化及磁性物料的精选等；另一类是磁流体分选，主要应用于城市垃圾焚烧厂里焚烧灰及堆肥厂产品中铝、铁、铜、锌等金属的提取与回收。

磁选设备包括磁力滚筒、永磁圆筒式磁选机、悬吊磁铁器和磁流体分选槽等。

D．电力分选

电力分选是利用固体废物中各种组分在高压电场中电性的差异而实现分选的一种方法。按电场特征，电选机分为静电分选机和复合电场分选机。

E．摩擦与弹跳分选

摩擦与弹跳分选是根据固体废物中各组分的摩擦系数和碰撞系数的差异，在斜面上运动或与斜面碰撞弹跳时，产生不同的运动速度和弹跳轨迹而实现彼此分离的一种处理方法。常用设备包括带式筛、斜板运输分选机和反弹滚筒分选机等。

2.无害化技术

固体废物"无害化"是指通过采用适当的工程技术对废物进行处理（包括热解技术、分离技术、焚烧技术、生化好氧或厌氧分解技术等），使其对环境不产生污染，对人体健康不产生影响。

（1）热解技术

①热解原理

所谓热解，指将有机物在无氧或缺氧状态下加热，使之成为气态、液态或固态可燃物质的化学分解过程。

固体废物热解的主要特点：A.可将固体废物中的有机物转化为以燃料气、燃料油和炭黑为主的储存性能源；B.由于是无氧或缺氧分解，排气量少，因此，采用热解工艺有利于减轻对大气环境的二次污染；C.废物中的硫、重金属等有害成分大部分被固定在炭黑中；D.由于保持还原条件，Cr^{3+}不会转化为Cr^{6+}；E.NO_x的产量少。

固体废物的热解是一个非常复杂的化学反应过程，包含了大分子键的断裂、异构化和小分子的聚合等反应，最后生成较小的分子。热解反应过程可用下述通式表示：

$$有机固体废物 \xrightarrow{\triangle} 气体（H_2、CH_2、O、CO_2）＋ 有机液体$$

$$（有机酸、芳烃、焦油）＋ 固体（炭黑、灰渣） \tag{4-5}$$

②热解技术

由于供热方式、产品状态、热解炉结构等方面的不同，固体废物的热解方式也各不相同。热解工艺的主要分类方法如下。

A.按供热方式可分为直接加热法和间接加热法。

B.按热解温度的不同可分为高温热解（1 000 ℃以上）、中温热解（600～700 ℃）和低温热解（600 ℃以下）。

C.按热解炉的结构可分为固定床、移动床、流化床和旋转炉等。

D.按热解产物的物理形态可分为气化方式、液化方式和炭化方式。

（2）焚烧技术

①焚烧原理

生活垃圾的焚烧过程，是一系列十分复杂的物理变化和化学反应过程，焚烧通常可划分为干燥、热分解、燃烧 3 个阶段。干燥是利用焚烧系统的热能，使入炉固体废物水分汽化、蒸发的过程，对于高水分固体废物（如污泥等），常常需要加入辅助燃料。热分解是固体废物中的有机可燃物质在高温作用下进行化学分解和聚合反应的过程，通常温度越高，热分解速率越快。燃烧是可燃物质的快速分解和高温氧化过程。

②焚烧的主要影响因素

固体废物的焚烧效果，受许多因素的影响，如固体废物性质、焚烧温度等。

A.固体废物性质。固体废物焚烧处理要求固体废物具有一定的热值，对于城市生活垃圾，一般要求低位热值大于 3 350 kJ/kg 时才可以采用焚烧处理方法。

B.焚烧温度。焚烧温度的高低直接决定了减量化程度和无害化程度，目前一般要求生活垃圾的焚烧温度在 850～950 ℃，医疗垃圾、危险固体废物的焚烧温度要达到1 150 ℃，这样才能保证有机物彻底分解，减少二噁英类物质的产生和排放。

C.停留时间。固体废物和烟气的停留时间越长，焚烧反应越彻底，焚烧效果越好。在焚烧生活垃圾时，垃圾停留时间最好为 2 h 以上，烟气停留时间达到 2 s 以上。

D.供氧量和物料混合程度。

③焚烧工艺

1931 年丹麦建成世界上第一台现代化的垃圾焚烧炉，由于焚烧法处理固体废物具有减量化效果显著（85%以上）、无害化程度彻底等优点，而且焚烧余热可以用于发电，每吨垃圾可发电 300 度左右，因而焚烧成为城市生活垃圾和危险废物处理的基本方法。

现代化生活垃圾焚烧的工艺流程主要由前处理系统、进料系统、焚烧炉系统、空气系统、烟气净化系统、灰渣系统、余热利用系统及自动控制系统组成。

焚烧炉系统的主体设备是焚烧炉，包括受料斗、饲料器、炉体、炉排、助燃器、出渣和进风装置等设备和设施。目前在垃圾焚烧中应用最广的生活垃圾焚烧炉，主要有机械炉排焚烧炉、流化床焚烧炉、回转窑焚烧炉、静态连续焚烧炉、二段式垃圾焚烧炉等。

（3）好氧堆肥技术

好氧堆肥是好氧微生物在与空气充分接触的条件下，使堆肥原料中的有机物发生一系列放热分解反应，最终使有机物转化为简单而稳定的腐殖质的过程。

好氧堆肥的原料很广泛，有城市生活垃圾、污泥、家畜粪尿、树皮、锯末、糠壳、秸秆等。在我国，好氧堆肥的主要原料是生活垃圾与粪便的混合物，也有的是城市垃圾与生活污水污泥的混合物。

好氧堆肥具有对有机物分解速度快、降解彻底、堆肥周期短的特点。一般一次发酵在 4～12 天，二次发酵在 10～30 天便可完成。好氧堆肥温度较高，一般为 55～60 ℃，最高可达 80～90 ℃，可以消灭活病原体、虫卵和垃圾中的植物种子，使堆肥达到无害化。此外，好氧堆肥的环境条件好，不会产生难闻的臭气。因此，现代化的堆肥工艺基本上都采用好氧堆肥。

现代化堆肥生产，通常由前处理、主发酵（一次发酵）、后发酵（二次发酵）、后处理、脱臭及储存等工序组成。堆肥设备包括预处理设备、翻堆设备、堆肥发酵主设备、后处理设备、除臭设备等。其中，堆肥发酵主设备是堆肥系统的主体，目前常用的有多段竖炉式发酵塔、达诺式发酵滚筒、搅拌式发酵装置和筒仓式堆肥发酵仓等。底料是堆肥系统处理的对象，主要包括污泥、有机废渣、农林废物、城市垃圾等。调理剂可分为两种类型：结构调理剂，是一种加入堆肥底料的物料，主要目的是减少底料容重，增加底料空隙，从而有利于通风；能源调理剂，是加入堆肥底料的有机物，用于增加可生化降解有机物的含量，从而增加混合物的能量。

通过堆肥处理，有机废物转化为稳定的腐殖质，形成的堆肥产品主要有两方面的用途：一是作为有机肥料，堆肥属缓效性肥料，含有多种植物生长所必需的微量元素，堆肥养分释放缓慢而持久，因此肥效期较长，有利于满足农作物较长时间内对养分的需求。二是作为土壤调节剂，增加土壤中腐殖质的含量，有利于土壤形成团粒结构，使土质松软，增加孔隙度，从而提高土壤的保水性、透气性，并有利于植物根系的发育和养分的吸收。

（4）固体废物土地填埋

①卫生土地填埋

卫生土地填埋主要用来处置城市生活垃圾，是利用工程手段将垃圾减容至最小，使填埋点的面积最小，并在每天操作结束时或每隔一定时间覆以土层，整个过程对周围环境无污染，无危险的一种土地处置方法。通常把每天运到土地填埋场的废物在限定的区域内铺散成 40～75 cm 厚的薄层，然后压实以减少废物的体积，并在每天操作之后用一层厚 15～30 cm 的土壤覆盖、压实。废物层和土壤覆盖层共同构成一个单元，即填筑单元。具有同样高度的一系列相互衔接的填筑单元构成一个升层。标准的填埋场应具有气体和渗滤液收集系统。当土地填埋达到最终的设计高度之后，再在该填埋层之上覆盖一层 90～120 cm 厚的土壤，压实后得到一个由多个升层组成的完整的卫生土地填埋场。

卫生土地填埋法工艺简单，操作方便，处置量大，费用低。许多发达国家，如美国、德国、英国、澳大利亚等对城市垃圾的处置以卫生土地填埋法为主。我国是发展中国家，城市垃圾无机成分高，处理利用率低，资金短缺，卫生土地填埋法无疑是最切合实际的处置方法。

②安全填埋场

安全填埋场是一种将危险废物放置或储存在土壤中的处置设施，其目的是埋藏或改变危险废物的特性，适用于填埋处置不能回收利用其有用组分、能量的危险废物。

安全填埋场专门用于处理危险废物，危险废物进行安全填埋处置前需要经过固化稳定化预处理。安全填埋场的综合目标是尽可能将危险废物与环境隔离，要求必须设置防渗层，且其渗滤系数不得大于 10^{-8} cm/s；一般要求最底层应高于地下水位；并应设置渗滤液收集、处理和检测系统；一般由若干个填埋单元构成，单元之间采用工程措施相互隔离，通常隔离层由天然黏土构成，能有效地限制有害组分纵向和水平方向迁移。

第四节 大气环境生态工程

一、大气的组成

大气是由多种气体混合组成的，按其成分可以概括为三部分：干洁空气、水汽和悬浮微粒。干洁空气的主要成分有氮、氧、氩、二氧化碳，其含量占全部干洁空气的 99.99%（体积），氖、氦、甲烷等次要成分只占 0.004% 左右。由于空气的垂直运动、水平运动及分子扩散，干洁空气组成比例直到 90～100 km 的高度还基本不变。也就是说，在人类经常活动的范围内，任何地方干洁空气的物理性质是基本相同的。例如干洁空气的平均相对分子质量为 28.966，在标准状态下密度为 1.293 kg/m³。在自然界大气温度和压力条件下，干洁空气的所有成分都处于气态，不易液化，因此可以看成理想气体。

大气中的水汽含量随着时间、地点、气象条件等不同而有较大的变化。其变化范围可达 0.02%～6%。大气中的水汽含量虽然很少，却导致了各种复杂的天气现象：云、雾、雨、雪、霜、露等。这些现象不仅引起大气湿度的变化，而且引起热量的转化。同时，水汽又具有很强的吸收长波辐射的能力，对地面的保温起着重要的作用。

大气中的悬浮微粒，除由水汽变成的水滴、冰晶外（云、雾即是由微小的水滴或冰晶组成的），主要是大气尘埃和悬浮在空气中的其他杂质。它们有的来自流星在大气中燃烧后产生的宇宙灰尘，有的是地面上燃烧产生的烟尘或被风卷起的尘土，有的是海洋中浪花溅起在空气中蒸发留下的盐粒，有的是火山喷发后留在空中的火山灰，有的是由细菌、动物呼出的病毒、植物花粉等组成的有机灰尘。悬浮微粒对大气中的各种物理现象和过程也有重要影响。

地球的其他圈层，尤其是生物圈与大气圈进行着活跃的物质和能量交换，使大气各组分之间保持着极其精细的平衡。但大气中的一些微量组分的浓度已经发生了实质性的变化，如 CO_2 和 O_3 等气体浓度的变化。距今 20 亿～30 亿年以前，大气圈中 CO_2 的浓度是现在的 10 倍，随着大气圈中氧的浓度的增加，CO_2 的浓度在 16 亿年前就已逐渐下降到今天的水平。CO_2 和某些气体能吸收地表长波辐射，而让太阳的短波辐射通过，从而使地表增温，即产生"温室效应"，此类气体也因此称为"温室气体"。

大气圈各组分之间的精细平衡是地质历史过程的结果，破坏这种平衡也就是破坏了人类和各种生物赖以生存的基础。工业化以来，人类利用和改造自然的活动日益加剧，对这种平衡的破坏作用也越来越大，各种污染物排放至大气中，改变了大气的化学组成，同时人类为了生产和交通的需要，填海造田、兴建水库，也对气候产生了不良影响，从而使人类面临着重大的环境问题，如温室效应、热污染等。

二、大气污染

（一）大气污染的定义

大气污染是指由于人类活动或自然过程引起某些物质进入大气中，呈现足够的浓度，积累至足够的时间，并因此危害了人体的舒适、健康，或污染了环境。

人类活动不仅包括生产活动，也包括生活活动，如做饭、取暖、交通等。自然过程包括火山活动、森林火灾、海啸、土壤和岩石的风化及大气圈中空气运动等。一般说来，自然环境所具有的物理、化学和生物机能，会使自然过程造成的大气污染经过一定时间自动消除（即使生态平衡自动恢复）。因此可以说大气污染主要是由于人类活动造成的。

大气污染对人体舒适、健康的危害主要包括对人体正常的生活环境和生理机能的影响，以及引起急性病、慢性病以至死亡等。

（二）大气污染的分类

根据大气污染的影响范围，污染物的种类、性质，污染区域的气象条件，大气污染有不同分类方式。

（1）根据大气污染的影响范围，其可划分为四种类型。

①局部性大气污染：由某个污染源如工厂烟囱排放造成的较小范围的污染。

②地区性污染：一些工业区及附近地区或整个城市的大气污染。

③广域性污染：超过行政区域的广大地域的大气污染，例如比一个城市更大区域范围的酸雨侵害。

④全球性大气污染：某些超越国界乃至涉及整个地球大气层，具有全球性影响的大气污染，如温室效应、臭氧层破坏等。

（2）常规能源利用中排放的废气是引起大气污染的主要原因。

按能源性质和污染物的种类大气污染也可以划分为四种类型。

①煤烟型：主要是煤炭燃烧时排放的硫氧化物、烟尘、粉尘等造成的污染，以及这些污染物发生化学反应而生成的硫酸及其盐类所构成的气溶胶而形成的二次污染。18世

纪末期到 20 世纪中期的大气污染和目前仍以煤炭作为主要能源的国家和地区的大气污染属于煤烟型。造成这类污染的污染源主要是工业企业废气排放，其次是家庭炉灶、取暖设备的烟气排放。

②石油型：指在石油开采和冶炼、石化企业生产、石油制品使用（如汽车）中向大气排放的氮氧化物、碳氧化物、碳氢化合物等造成的污染，以及这些污染物经过光化学反应形成的光化学烟雾污染，或在大气中形成的臭氧、各种自由基及其反应生成的一系列中间产物与最终产物所造成的污染。

③复合型：大气污染物的排放具有煤烟型和石油型的综合特征，其污染源包括以煤炭为燃料的污染源、以石油为燃料的污染源，以及从工厂企业排出的各种化学物质的污染源。

复合型大气污染是指大气中由多种来源的多种污染物在一定的大气条件下（如温度、湿度、光照等）发生多种界面间的相互作用，彼此耦合构成的复杂大气污染体系。多种主导排放的大气污染互相叠加，局地、区域和全球污染相互作用；大气理化过程中，均相反应与非均相反应相互耦合，局地气象因子与区域天气形势相互影响，造成的结果主要是二次污染物，尤其是二次细颗粒物大量增加。朱彤等研究人员对大气复合污染的定义是：城市化导致大量污染物集中释放到大气中，多种污染物均以高浓度同时存在，并发生复杂的相互作用；在污染现象上表现为大气氧化性增强、大气能见度显著下降和环境恶化趋势向整个区域蔓延。

当前我国以煤为主的能源结构和以煤烟型为主的大气污染长期存在，城市大气环境中二氧化硫和细颗粒物问题没有全面解决；汽车保有量持续增加，汽车尾气污染严重，雾霾、光化学烟雾、酸雨等污染问题较重。臭氧、细颗粒物、二氧化硫、氮氧化物、挥发性有机物成为大气主要污染物。

④特殊型：由工厂排放某些特殊的气态污染物所造成的局部或有限区域的污染，其污染特征由所排污染物决定。如核工业排放的放射性尘埃和废气、氯碱厂排放的含氯气体及生产磷肥的工厂排放的特殊含氟气体所造成的污染。

（3）煤炭类和石油类燃料排放的废气进入大气，在一定的气象条件下，引起化学或光化学反应而生成具有强刺激性和毒性的复杂烟雾，形成二次污染。这种二次污染物形成的大气污染也可划分为两种类型。

①氧化型大气污染（汽车尾气型）：这种类型的污染物主要来源于汽车排气中的一氧化碳、氮氧化物和碳氢化合物，多发生在以石油为燃料的地区。在强烈阳光作用下，这些污染物发生一系列的光化学反应后生成臭氧、过氧乙酰、硝酸酯类等氧化性二次污染物，强烈刺激人的眼睛、上呼吸道黏膜等。发生时的气象条件为：较强烈的阳光照射，气温高于 23 ℃，湿度低于 75%，风速小于 3 m/s，通常发生在夏、秋季的白天，以中午污染最严重。这种光化学烟雾最初出现在美国洛杉矶市，因此也称作洛杉矶型或石油型大气污染。

②还原型大气污染（煤炭型）：这种类型的污染物主要来源于煤炭燃烧排气中的烟尘、二氧化硫和一氧化碳，多发生于煤炭和石油混合使用的地区。该类型的污染物主要刺激上呼吸道，老幼病弱者受害严重。在天气为多云、气温低于 8 ℃、湿度高于 85%、基本无风并伴有逆温存在的情况下，一次污染物受阻，容易在低空聚积，生成还原性硫酸烟雾。这种大气污染通常发生在冬季，以早晨污染最严重。伦敦烟雾事件就属于这类还原型污染，所以还原型大气污染又被称为伦敦型大气污染或煤炭型大气污染。

从发展趋势来看，由于汽车数量逐年增加及燃料的更换，氧化型大气污染有增加的趋势，应当引起高度重视。

（三）污染源的类型和划分方法

大气中污染物来自两个方面：一是自然源，像森林火灾、台风、地震、火山喷发等产生的烟尘、SO_2 等；二是人工源，即由于人类生产、生活过程产生的。

人工源的污染物来源广泛、种类繁多，进入大气的方式不尽相同，因而污染源分类方法也多种多样。大气污染研究中通常有下列分类方法。

①按污染物来源和性质分为工业企业排放源、交通运输污染源、生活污染源、农业污染源。

②按污染源几何形状分为点源、面源、线源和体源。

③按排放时间分为瞬时源和连续源。

④按排放方式分为地面源和高架源。

⑤按排放状态分为固定源和流动源。

三、大气污染防治技术

（一）颗粒污染物的根除

从气体中将固体粒子分离捕集的设备称为除尘装置或除尘器。除尘器按照其利用的除尘机制（如重力、惯性力、离心力、库仑力、热力、扩散力等），可分成如下四类，即机械式除尘器、湿式洗涤器、电除尘器和过滤式除尘器。

1.机械式除尘器

重力沉降室是一种最古老的除尘装置，它利用尘粒自身的重力作用使之自然沉降，并与气流分离。其构造简单、造价低，便于维护管理，而且可以处理高温气体，阻力一般为 49～147 Pa，但其除尘效率比较低，一般只能去除大于 40 μm 的大颗粒。

惯性除尘器是利用气流方向急剧转变时，尘粒因惯性力作用从气体中分离出来的原理而设计的。惯性除尘器可用于处理高温的含尘气体，能直接安装在风道上。当含尘气体在冲击或方向转变前的速度越高，方向转变的曲率半径越小时，其除尘效率越高，但阻力也随之增大。为了提高除尘效率，可在挡板上淋水，这就是湿式惯性除尘器。

旋风除尘器是利用离心力从气体中除去尘粒的设备，是一种比较古老的除尘器。这种除尘器结构简单，没有运行部件，造价便宜，维护方便，除尘效率一般可达 85% 左右，高效旋风除尘器的除尘效率可达 90% 以上。这类除尘器已在我国工业与居民用锅炉上得到广泛的应用。其他行业也常用其回收有用的颗粒物如催化剂、面粉、奶粉、水泥等。

2.湿式洗涤器

湿式洗涤器是用水或其他液体来去除废气中的尘粒和有害气体的设备，主要利用液网、液膜或液滴来去除废气中的尘粒，并兼备吸附有害气体的作用。其主要优点是：①在去除尘粒的同时还可去除某些有害气体；②除尘效率比较高，投资较同样效率的其他设备要低；③可以处理高温废气及黏性的尘粒和液滴。其缺点是：①能耗较大；

②废液和泥浆需要处理；③金属设备容易被腐蚀；④在寒冷地区使用时有可能冻结。

根据不同的除尘要求，可以选择不同类型的洗涤器。国内用于除尘方面的湿式洗涤器主要有喷淋塔、文丘里洗涤器、冲击式除尘器和水膜除尘器。净化气体从洗涤器排出时，一般带有水滴。为了去除这部分水滴，湿式洗涤器后都附有脱水装置。

3.电除尘器

电除尘器是利用静电力（库仑力）实现粒子（固体或液体粒子）与气流分离的一种除尘装置。

电除尘器的除尘过程大致可分为三个阶段。

（1）粉尘荷电。在放电极与集尘极之间施加直流高压电，使放电极发生电晕放电、气体电离，生成大量的自由电子和正离子，在放电极附近的所谓电晕区内正离子则因受电场力的驱使向集尘极（正极）移动，并充满两极间的绝大部分空间。含尘气流通过电场空间时，自由电子、负离子与粉尘碰撞并附着其上，便实现了粉尘的荷电。

（2）粉尘的沉降。荷电粉尘在电场中受库仑力的作用被驱往集尘极，经过一定时间后达到集尘极表面，放出所带电荷而沉积于其上。

（3）清灰。集尘极表面上的粉尘沉积到一定厚度后，用机械振打等方法将其清除掉，使之落入下部灰斗中。放电极也会附着少量粉尘，隔一定时间也需进行清灰。

要保证电除尘器在高效率下进行，必须使上述三个过程十分有效地进行。

4.过滤式除尘器

过滤式除尘器是一种应用最早的从气体中分离固体颗粒的设备，因其一次性投资比电除尘器少，而运行费用又比高效湿式除尘器低，因而被人们所重视。目前在除尘中应用的过滤器可分为内部过滤式和外部过滤式两种基本类型。颗粒层除尘器属于内部过滤式，它以一定厚度的固体颗粒作为过滤层，这种除尘器的最大特点是：耐高温（可达 400 ℃），耐腐蚀，滤料可以长期使用，除尘效率比较高，适用于冲天炉和一般工业炉窑。袋式除尘器属于外部过滤式，即粉尘在滤料表面被截留。它的性能不受尘源的粉尘浓度、粒度和空气量变化的影响，对于粒径在 0.1 μm 粉尘，捕集效率可高达 98%～99%。近年来随着清灰技术和新型滤料的发展，过滤式除尘器在冶金、水泥、化工、食品、机械制造等工业和燃煤锅炉的烟气净化中得到广泛的应用。

（二）气态污染物的净化

1.吸收法净化低浓度的二氧化硫烟气

气体吸收是气体混合物中一种或多种组分溶解于选定的液体吸收剂中，或者与吸收剂中的组分发生选择性化学反应，从而将其从气流中分离出来的操作过程。吸收法净化气态污染物是常用的方法之一，其适用范围广，净化效率高。吸收过程可分为物理吸收和化学吸收两类。由于气态污染物浓度低，采用吸收法净化时，主要是化学吸收法。能用吸收法净化的气态污染物主要包括 SO_2、H_2S、HF 和 NO_x 等。

烟气脱硫的分类方法主要有两种：①抛弃法和回收法；②干法和湿法。抛弃法即将脱硫过程中形成的固体产物抛弃，需要连续不断加入新鲜化学吸收剂；回收法是将吸收剂与 SO_2 反应，吸收剂可以连续在一个闭路循环系统中再生。干法是利用固体吸收剂和催化剂在不降低烟气温度和不增加湿度的条件下除去烟气中的 SO_2；湿法则利用水或碱性吸收液，吸收烟气中的 SO_2。

SO_2 是酸性气体，几乎所有的洗涤过程都采用碱性物质的水溶液或浆液。在大部分抛弃工艺中，烟气中除去的硫以钙盐形式被抛弃，因此碱性物质消耗量大。在回收工艺中，回收产物通常为元素硫或硫酸。多数回收脱硫过程之前，要求安装高效除尘装置，这是因为飞灰的存在影响回收过程的操作。

烟气脱硫的主要困难在于 SO_2 浓度低、烟气体积大、SO_2 总量大。烟气中 SO_2 浓度一般低于 0.5%（按体积计，下同），由燃料的含硫量决定。例如，在 15% 的过剩空气条件下，燃用含硫量为 1%～4% 的煤，烟气中 SO_2 占 0.11%～0.35%；燃用含硫量为 2%～5% 的燃料油，烟气中 SO_2 仅占 0.12%～0.31%。合理地选择烟气脱硫工艺必须考虑环境、经济、社会等多方面因素。另外，许多工艺虽具有明显的优点，但都处在实验阶段。据美国环保局统计，广泛采用的烟气脱硫技术仍然是石灰石法（约占 87%）。

2.吸附法净化气态污染物

用多孔性固体处理气体混合物，使其中所含的一种或几种组分浓集在固体表面，而与其他组分分开的过程称为吸附。被吸附到固体表面的物质称为吸附质，吸附质附着的物质称为吸附剂。吸附能有效地捕集浓度很低的有害物质，在环保方面的应用越来越广泛，如有机污染物的回收净化、低浓度二氧化硫和氮氧化物尾气的净化处理等。吸附过程既能使尾气达到排放标准以保护大气环境，又能回收到这些气态污染物，实现废物资源化。

吸附法净化回收有机蒸气，既能防止环境污染，又能回收有用物质。活性炭是常用的吸附剂。目前工业上常用间歇吸附净化法。含有机蒸气的尾气首先用过滤器除去固体颗粒物，由风机送入吸附器吸附净化，净化后气体排入大气环境。解吸出来的蒸气混合物冷凝后由倾析器、蒸馏柱进行分离。脱附后的活性炭还需以热空气干燥以备循环使用。

3.催化转化法净化气态污染物

催化剂目前广泛应用于现代化工业、石油工业、食品加工业和其他部门。在大气污染及控制方面，催化剂也受到重视。催化剂不但可以用来改革工艺路线，使生产过程少产生或不产生污染物，而且还能把污染物转化为无害物，甚至是有用的副产品，或转化为更易于去除的物质。

环境工程中所使用的催化剂就是起后面这两种转化作用的。前一种催化转化直接完成了对污染物的净化；而后一种催化转化尚需辅以诸如吸收和吸附等其他操作工序，方能达到净化的最终要求。催化转化净化气态污染物多属于前一种转化。它与吸收、吸附等净化方法的根本不同是无须使污染物与主气流分离而把它直接转化为无害物，因而既能避免其他方法可能产生的二次污染，又使操作过程得到简化。催化转化法净化气态污染物当然也具有工业催化的基本优点。由于污染物初始浓度不高，反应的热效应不大，因此催化反应器的加热装置和温度控制装置大为简化，为绝热式固定床发挥最大效益奠定了基础。所有这些都促进了催化转化法净化气态污染物的应用研究。现在应用于净化气态污染物的催化剂已成功地用于脱硫、脱硝、汽车尾气净化和恶臭物质净化等方面。

四、大气污染综合防治

大气污染综合防治工作是一项复杂的系统工程，涉及环境科学的一些学术领域，也涉及城市规划、工业布局、产业结构、能源利用各个方面，此外还和环境标准、环境法有着密切的关系。

大气污染综合防治，就是把一个城市或地区的大气环境看作一个整体，统一规划能源消费、工业发展、运输、城市建设等，综合运用各种人为防治污染的措施（如减少或防止污染物的排放、治理排出的污染物等），充分利用环境的自净能力（如充分利用环境容量、发展绿化植物等），以消除或减轻大气污染。

（一）减少污染物排放

2013 年 9 月 10 日国务院印发《大气污染防治行动计划》，该行动计划是我国大气污染综合防治的重要内容。其主要内容如下。

（1）加大综合治理力度，减少污染物排放：①加强工业企业大气污染综合治理。加快推进集中供热、"煤改气""煤改电"工程建设。加快重点行业脱硫、脱硝、除尘改造工程建设；推进挥发性有机物污染治理。②深化面源污染治理，建设施工现场全封闭设置围挡墙，道路地面硬化。城区餐饮服务经营场所应安装高效油烟净化设施。③强化移动源污染防治，实施公交优先战略，控制机动车保有量，鼓励绿色出行，提升燃油品质。淘汰黄标车和老旧车辆，推广新能源汽车。

（2）调整优化产业结构，推动产业转型升级：①严控"两高"行业新增产能。严格高耗能、高污染和资源性行业准入条件，明确资源能源节约和污染物排放等指标。②加快淘汰落后产能。③压缩过剩产能。④坚决停建产能严重过剩行业违规在建项目。

（3）加快企业技术改造，提高科技创新能力：①强化科技研发和推广。加强灰霾、臭氧的形成机理、来源解析、迁移规律和监测预警等研究，加强脱硫、脱硝、高效除尘、挥发性有机物控制、柴油机（车）排放净化、环境监测，以及新能源汽车、智能电网等方面的技术研发，推进技术成果转化应用。加强大气污染治理先进技术、管理经验等方面的国际交流与合作。②全面推行清洁生产。③大力发展循环经济。④大力培育节能环保产业。

（4）加快调整能源结构，增加清洁能源供应：①控制煤炭消费总量。②加快清洁能源替代利用。加大天然气、煤制天然气、煤层气供应。③推进煤炭清洁利用。④提高能源使用效率。

（5）严格节能环保准入，优化产业空间布局：①调整产业布局。②强化节能环保指标约束。提高节能环保准入门槛，健全重点行业准入条件，严格污染物排放总量控制，将二氧化硫、氮氧化物、烟粉尘和挥发性有机物排放符合总量控制要求作为建设项目环境影响评价审批的前置条件。③优化空间格局。

（6）发挥市场机制作用，完善环境经济政策：①发挥市场机制调节作用。本着"谁污染、谁负责，多排放、多负担，节能减排得收益、获补偿"的原则，积极推行激励与约束并举的节能减排新机制。②完善价格税收政策。③拓宽投融资渠道。深化节能环保投融资体制改革，鼓励民间资本和社会资本进入大气污染防治领域。

（7）健全法律法规体系，严格依法监督管理：①完善法律法规标准。重点健全总量控制、排污许可、应急预警、法律责任等方面的制度，研究增加对恶意排污、造成重大污染危害的企业及其相关负责人追究刑事责任的内容，加大对违法行为的处罚力度。②提高环境监管能力。③加大环保执法力度。④实行环境信息公开。

（8）建立区域协作机制，统筹区域环境治理：①建立区域协作机制。建立京津冀、长三角区域大气污染防治协作机制，实施环评会商、联合执法、信息共享、预警应急等大气污染防治措施。②分解目标任务。国务院与各省（区、市）人民政府签订大气污染防治目标责任书，将目标任务逐级分解落实到地方人民政府和企业。③实行严格的责任追究制度。

（9）建立监测预警应急体系，妥善应对重污染天气：①建立监测预警体系。环保部门要加强与气象部门的合作，建立重污染天气监测预警体系。②制订完善的应急预案。③及时采取应急措施。将重污染天气应急响应纳入地方人民政府突发事件应急管理体系，实行政府主要负责人负责制。

（10）明确政府、企业和社会的责任，动员全民参与环境保护：①明确地方政府统领责任。②加强部门协调联动。③强化企业施治。④广泛动员社会参与。

（二）利用环境自净能力

环境自净能力是指环境中的污染物在物理、化学和生物作用下逐渐降解、转化达到自然净化的过程。环境自净按其机理可分为物理净化、化学净化和生物净化3类。

（1）物理净化。通过稀释、扩散、淋洗、挥发、沉降等作用将污染物净化。如含有烟尘的大气通过气流扩散、降水淋洗和重力沉降达到净化。物理净化能力的强弱受自然条件（如温度、风速、降水量、地形、水文条件等）影响较大。

（2）化学净化。环境自净的化学反应有氧化和还原、化合和分解、吸附、凝聚、交换等。影响化学净化能力强弱的有污染物的化学性质、形态、组分及环境的酸碱度、氧化还原电势和温度等因素。

（3）生物净化。生物的吸收、降解作用使污染物浓度降低或毒性消失。如绿色植物在光合作用下吸收二氧化碳放出氧。

第五章　恢复生态学

第一节　恢复生态学基本理论

生态恢复是针对受损生态系统而言的，受损就是生态系统的结构、功能和关系的破坏，因而生态恢复就是恢复生态系统合理的结构、高效的功能和协调的关系。生态恢复的目标是使受损的生态系统恢复到它原来的或有用的状态，使受损的生态系统明显融合在周围的景观中，或看上去像某一熟悉的且可接受的环境。

由此可见，恢复不等于复原，恢复包含着创造与重建，而这些创造与重建都是以恢复生态学原则为指导的，与其相关的理论基础如下所述。

一、生态系统干扰因子原理

干扰是使生态系统发生变化的主要原因，正常的生态系统是生物群落与自然环境取得平衡的自我维持系统，各组成部分的发展变化按照一定的规律并在某一平衡位置作一定范围的波动，从而达到一种动态平衡。但是，生态系统的结构和功能可以在自然和人为干扰下产生位移，打破了原有生态系统的平衡状态，使系统的结构和功能发生变化，形成破坏性波动或恶性循环，这样的生态系统被称为受损生态系统。由于致损因子不同，受损生态系统的具体表现也不同，受损的类型、强度、空间分布及变化趋势也不同。

二、生态受损机理和受损过程原理

生态系统内部的各组成成分对干扰因子及干扰程度的适应机理是有时空顺序并相互制约的。环境条件、生物组成、种群行为、群落功能、养分循环、演替、竞争、捕食、生物与非生物因子间相互作用等基本生态过程和行为特征，在不同致损因子及不同受损等级下表现也是不同的。只有找出可逆性损害和不可逆性损害的临界点，才能为受损生态系统的恢复提供理论和技术支持。

三、人类活动为主导干扰因子原理

实践证明，自然干扰和人为活动干扰的结果是有显著区别的，前者使生态系统退回到生态演替的早期状态，生态演替过程中一系列变化所产生的正负反馈作用，使演替趋于一种稳定状态；同时，生物种群不断改变自然环境，使环境条件变得有利于其他种群，直到在生物与非生物因素之间达到动态平衡。而在人为干扰下，生态演替可能加速、延缓、改变方向甚至朝相反方向进行。如草原过度放牧超出草地生态系统的调节能力，引起植被的"逆行演替"。对于一些自然条件恶劣的地区，人为干扰会引起环境的不可逆变化，要恢复到原来的良好状态已不可能。

四、生态恢复的机理与方法

退化生态系统的生态恢复要求在遵循自然规律的基础上，通过人类活动，根据生态上健康、技术上适当、经济上可行、社会上能接受的原则，对生态系统进行重构，使受害或退化生态系统重新健康发展，使之有益于人类生存和生活。生态恢复的原理一般包括自然法则原理、社会经济技术原理和美学原理三个方面。自然原理是生态恢复的基本原则，强调的是将生态工程学原理应用于系统功能的恢复，最终达到系统的自我维持。社会经济技术原理是生态恢复的基础，在一定程度上制约生态恢复的可能性、水平和深度。美学原理是指生态恢复应给人以美的享受。

生态恢复的难易取决于要恢复的生态系统退化的程度，即原生生态系统的结构或过程受到干扰破坏的程度。如果在生态系统没有被完全破坏之前排除干扰，退化会停止并开始恢复，如果被破坏后才排除干扰，退化就很难被阻止，甚至可能会加剧。

退化生态系统的恢复时间与生态系统类型、退化程度、恢复方向、人为促进程度等密切相关。一般来说，退化程度轻的生态系统恢复时间要短一些；湿热地带的恢复比干冷地带快。不同的生态系统恢复时间也不一样，与生物群落恢复相比，一般土壤恢复时间最长，农田和草地要比森林恢复得快些。

目前在生态恢复实践中采用的基本程序包括：确定恢复对象的时空范围；评价样点并鉴定导致生态系统退化的原因及过程；找出控制和减缓退化的方法；根据生态、社会、经济和文化条件决定恢复与重建生态系统的结构和功能目标；制定易于测量的成功标准；发展并推广在大尺度情况下完成相关目标的实践技术；恢复实践；与土地规划、管理策略部门交流有关理论和方法；监测恢复中的关键变量与过程，并根据出现的新情况做出适当的调整。

第二节　退化生态系统恢复的技术方法

进行生态恢复工程的目标无外乎以下四个。

（1）恢复诸如废弃的矿地这样极度退化的生境。

（2）提高退化土地上的生产力。

（3）在被保护的景观内去除干扰以加强保护。

（4）对现有生态系统进行合理利用和保护，维持其服务功能。

虽然恢复生态学强调对受损生态系统进行恢复，但恢复生态学的首要目标仍然是保护自然的生态系统，因为保护在生态系统恢复中具有重要的参考作用；第二个目标是恢复现有的退化生态系统，尤其是与人类关系密切的生态系统；第三个目标是对现有的生态系统进行合理管理，防止退化；第四个目标是保护区域文化多样性并实现可持续发展。

总之，根据不同的社会、经济、文化与生活需要，人们往往会对不同的退化生态系统制定不同水平的恢复目标（见图 5-1）。但是无论对什么类型的退化生态系统，应该存在一些基本的恢复目标或要求。这些基本的目标和要求包括以下六个方面。

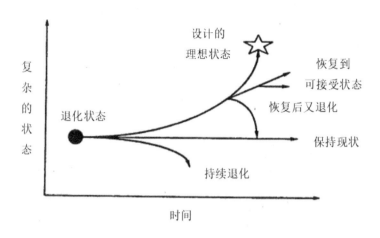

图 5-1　退化生态系统的恢复方向

（1）实现生态系统的地表基底稳定性，因为地表基底（地质地貌）是生态系统发育与存在的载体，基底不稳定（如滑坡），就不可能保证生态系统的持续演替与发展。

（2）恢复植被和土壤，保证一定的植被覆盖率和土壤肥力。

（3）增加种类组成和生物多样性。

（4）实现生物群落的恢复，提高生态系统的生产力和自我维持能力。

（5）减少或控制环境污染。

（6）增加视觉和美学享受。

退化生态系统的恢复与重建要求在遵循自然规律的基础上，通过人类的作用，根据技术上适当、经济上可行、社会能够接受的原则，使受害或退化生态系统重新获得健康并有益于人类生存与生活的生态系统重构或再生过程。简言之，生态恢复与重建的原则一般包括自然法则、社会经济技术原则、美学原则三个方面（见表 5-1）。其中，自然法则是生态恢复与重建的基本原则，社会经济技术原则是生态恢复与重建的后盾和支柱，美学原则则强调生态恢复与重建应该给人以美的享受。

表 5-1　生态恢复重建原则

生态恢复重建原则	自然法则	地理学原则	区域性原则、差异性原则、地带性原则
		生态学原则	生态演替原则、生物多样性原则、生态位与生物互补原则、物能循环与转化原则、物种相互作用原则、食物链/网原则
		系统原则	整体原则、协同恢复重建原则、耗散结构与开放性原则、可控性原则
	社会经济技术原则		经济可行性与可承受性原则、技术可操作性原则、社会可接受性原则、无害性原则、最小风险原则、生物生态与工程技术相结合原则、效益原则、可持续发展原则
	美学原则		最大绿色原则、健康原则

生态恢复工程需要应用生态学、景观生态系统和生态工程原理，结合其他自然、社会学科的知识和现代生物、信息技术手段，对多时空尺度上具有特定自然或人类效益的生态因子与生物因子多样性、结构和功能过程进行整合、规划、设计和集成，以最大限度地再建特定的自然生态系统、人工生态系统和人类生态系统。由于不同退化生态系统（如森林、草地、农田、湿地、海洋等）存在地域差异性，加上外部干扰类型和强度的不同，因而生态系统表现出不同的退化类型、阶段和程度。在不同类型退化生态系统的恢复过程中，其恢复目标、侧重点和技术方法都会有所不同。对于一般的退化生态系统的生态恢复而言，大致需要涉及以下几类基本的恢复技术体系（见表 5-2）。

表 5-2　生态恢复的技术体系

恢复类型	恢复对象	技术体系	技术类型
非生物环境因素	土壤	土壤肥力恢复技术	少耕、免耕技术；绿肥与有机肥施用技术；生物培肥技术（如 EM 技术）；化学改良技术；聚土改土技术；土壤结构熟化技术
		水土流失控制与保持技术	坡面水土保持林、草技术；生物篱笆技术；土石工程技术（小水库、谷坊、鱼鳞坑等）；等高耕作技术；复合农林牧技术
		土壤污染、恢复控制与恢复技术	土壤生物自净技术；施加抑制剂技术；增施有机肥技术；移土客土技术；深翻埋藏技术；废弃物的资源化利用技术
	大气	大气污染控制与恢复技术	新兴能源替代技术；生物吸附技术；烟尘控制技术

续表

恢复类型	恢复对象	技术体系	技术类型
非生物环境因素	大气	全球变化控制技术	可再生能源技术；温室气候的固定转换技术（如利用细菌、藻类）；无公害产品开发与生产技术；土地优化利用与覆盖技术
	水体	水体污染控制技术	物理处理技术（如过滤、加沉淀剂）；化学处理技术；生物处理技术；氧化塘技术；水体富营养化控制技术
		节水技术	地膜覆盖技术；集水技术；节水灌溉（渗灌、滴灌）
生物因素	物种	物种选育与繁殖技术	基因工程技术；种子库技术；野生物种的驯化技术
		物种引入与恢复技术	先锋种引入技术；土壤种子库引入技术；乡土种种苗库重建技术；天敌引入技术；林草植被再生技术
	种群	物种保护技术	就地保护技术；迁地保护技术；自然保护区分类管理技术
		种群动态调控技术	种群规模、年龄结构、密度、性比例等的调控技术
		种群行为控制技术	种群竞争、他感、捕食、寄生、共生、迁移等行为的控制技术
	群落	群落结构优化配置与组建技术	林灌草搭配技术；群落组建技术；生态位优化配置技术；林分改造技术；择伐技术；透光抚育技术
		群落演替控制与恢复技术	原生与次生快速演替技术；封山育林技术；水生与旱生演替技术；内生与外生演替技术
生态系统	结构功能	生态评价与规划技术	土地资源评价与规划技术；环境评价与规划技术；景观生态评价与规划技术；4S辅助技术（RS、GIS、GPS、ES）
		生态系统组装与集成技术	生态工程设计技术；景观设计技术；生态系统构建与集成技术
景观	结构功能	生态系统间链接技术	生态保护区网络；城市农村规划技术；流域治理技术

（1）非生物或环境要素（包括土壤、水体、大气等）的恢复技术。

（2）生物因素（包括物种、种群和群落等）的恢复技术。

（3）生态系统（包括结构和功能）的恢复技术。

退化生态系统恢复的基本过程按其恢复对象的层次可以简单表示为：基本结构组分和单元的恢复—组分之间相互关系（生态功能）的恢复和整个生态系统的恢复—景观恢复。其中植被恢复是重建任何生物群落和生态系统的基础，其过程通常可以表示为：适应性物种的引入—土壤肥力的缓慢积累、结构的缓慢改善—新的适应性物种的进入、一个新的环境条件的变化—新的群落建立。

对于一个生态恢复工程或者项目来说，其包括的重要程序有以下几步（见图5-2）。

（1）接受恢复工程或项目，对要恢复的对象进行分类和描述，确定恢复对象的时空范围。

（2）评价并鉴定导致生态系统退化的原因及过程，尤其是关键因子。

（3）确定生态恢复所要达到的结构和功能目标，尤其要确定优先恢复目标。

（4）设计恢复方案，选择参照系统并制定易于测量的恢复成功标准。

（5）恢复实践过程。

（6）对恢复过程进行监测和评估，并根据出现的新情况做出适当的调整。

（7）生态恢复的后续监测和评价管理。

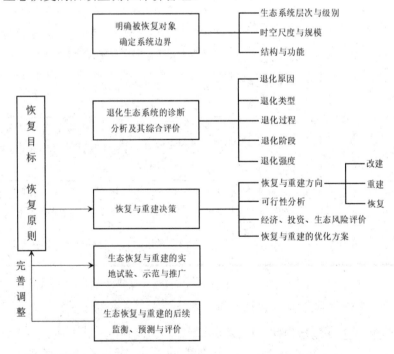

图 5-2　退化生态系统恢复与重建的一般操作程序与内容

第三节　典型退化生态系统的恢复

一、裸地的恢复

裸地的特点是土地极度贫瘠，其理化结构也很差。由于这些生态系统总是伴随着严重的水土流失，每年反复的土壤侵蚀更加剧了生境的恶化，因而极度退化生态系统很难在自然条件下恢复植被。对裸地的整治，第一步就是控制水土流失。

在生物措施中，首先是植物措施。植物在退化生态系统恢复与重建中的基本作用就是：利用多层次、多物种的人工植物群落的整体结构，控制水土流失；利用植物的有机残体和根系穿透力，促进生态系统土壤的发育形成和熟化，改善局部环境，并在水平和垂直空间上形成多格局和多层次，造成生境的多样性，促进生态系统多样性的形成；利用植物群落根系错落交叉的整体网络结构，增加固土、防止水土流失的能力，为其他生物提供稳定的生境，逐步恢复业已退化的生态系统。

对裸地的生态恢复，有针对性地分阶段进行综合治理和研究是很必要的。早期适宜的先锋植物种类对退化生态系统的生境治理具有重要作用。在后期进行多种群的生态系统构建时，更要注意构建种类的选取。

二、退化森林生态系统的恢复

对森林生态系统进行恢复和重建，是防止其退化的主要措施（见图 5-3）。一般来说，受损森林生态系统的修复应根据受损程度及所处地区的地质、地形、土壤特性及降水等气候特点确定修复的优先性与重点。比如，热带和亚热带降水量较大的地区，森林严重受损后裸露的土壤极易被侵蚀，坡度较大的地区还会发生泥石流或塌方等，破坏植被生存的基本环境条件。因此，对这类受损生态系统进行修复时，应优先考虑对土壤等自然条件的保护，可采取一些工程措施和生态工程技术，如在易发生泥石流的地区进行工程防护,对坡地设置缓冲带或栽种快速生长的适宜草类以保持水土等,在此前提下再考虑对生物群落的整体修复方案。干扰程度较轻且自然条件能够保持较稳定的受损生态系统,则重点要考虑生物群落的整体修复。

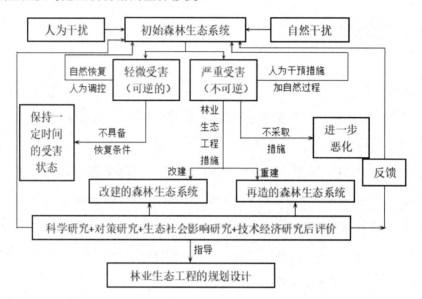

图 5-3 退化森林生态系统的恢复和重建

森林生态系统常用的修复方法主要有如下几方面:

(1)封山育林。这是最简便易行、经济有效的方法,封山可最大限度地减少人为干扰,为原生植物群落的恢复提供适宜的生态条件,使生物群落由逆向演替向正向演替发展,使被破坏的森林生态系统逐渐恢复到健康状态。

(2)林分改造。为了促进森林的快速演替,可对受损后处于演替早期阶段的群落进行林分改造,引种当地植被中的优势种、关键种和因受损而消失的重要生物种类,以提高生态系统正向演替的速度。

(3)透光抚育或遮光抚育。在南亚热带,森林的演替需经历针叶林、针阔叶混交林和阔叶林阶段,在针叶林或其他先锋群落中,对已生长的先锋针叶树或阔叶树进行择伐,可促进林下其他阔叶树的生长,使其尽快演替成顶极群落。

在东北,由于红松纯林不易成活而纯的阔叶树(如水曲柳等)也不易长期存活,有的科学家提出了"栽针保阔"的人工修复途径,实现了当地森林的快速修复。这种方法主要通过改善林地环境条件来促进群落正向演替。

（4）林业生态工程技术。林业生态工程技术是生态工程的分支，是根据生态学、林学及生态控制论原理，设计、建造与调控以木本植物为主的人工复合生态系统的工程技术，是受损生态系统恢复与重建的重要手段，其目的在于保护、改善和持续利用自然资源与环境。

通过人工设计，在一个区域或流域内建造以木本植物群落为主体的优质、高效、稳定的多种生态系统的复合体，形成区域复合生态系统，达到对自然资源的可持续利用。具体内容包括四个方面：①区域的总体方案，即对一个区域的自然环境、经济、社会和技术因素进行综合分析，根据生态系统受损状况，合理规划布局区域内各种不同类型的生态系统，形成合理的镶嵌结构配置。②时空结构设计，空间上，构建群落内种间共生互利互惠且能够充分利用环境资源的稳定高效生态系统；时间上，利用生态系统内物种生长发育的时间差别，调整物种的组成，实现对资源的充分利用。③食物链设计，使森林生态系统的产品得到再转化和再利用。特殊生态工程的设计，主要针对的是一些特殊环境条件的林业生态工程，如工矿区林业生态工程。

三、草地生态系统的恢复

很多原因都可以造成草地生态系统的退化，如自然因素（长期干旱、风蚀、水蚀、沙尘暴、鼠害、虫害等）和人为因素（如过度放牧、滥垦、采樵、开矿等）。草地退化是指草地生态系统在演化过程中，其结构、能量流和物质流等功能过程恶化，生态系统的生产和生态功能衰退，既包括"草"的退化，也包括"地"的退化。按其所在区域、成因及表现，草地生态系统的退化可分为以下几种：荒漠型退化、生境破坏型退化、杂草（灌木）入侵型退化、水土流失型退化、鼠害型退化、石漠型退化等。

退化草地生态系统的恢复有两类方法，一是改进现存的退化草地，二是建立新的草地。其具体措施如下。

（1）建立人工草地，减轻天然草地的压力。

（2）草地改良。可以根据不同的退化草地类型而选用松耙和浅耕翻。

（3）草地补播。在不破坏和少破坏自然植被的前提下，播种一些适应性强、饲用价值高的牧草以加速植被恢复。

草地生态系统恢复的方式取决于其退化的程度。对不同类型的草地，其恢复方式也不尽相同。

（1）石灰质草地的恢复。主要手段包括：改良立地条件，控制灌木入侵；加强草地封育管理，恢复草地生物多样性；建植人工种群，重建草地植被；等等。

（2）热带稀树草地的恢复。主要手段包括：被动方法，即消除干扰、等待自然恢复；主动方法，即人工建植草地、利用外来物种组织侵蚀、改善土壤结构等。

（3）温带草地恢复。主要手段包括：改善土壤结构、提高土壤肥力；使用除草剂、控制杂草和外来物种；补播牧草、更新土壤种子库；火烧管理、促进植被恢复演替；调控畜群结构、控制合理放牧；等等。

四、农业弃耕地的恢复

随着世界人口的增加，为了养活更多的人口，很长一段时间以来，各国农业均以追求高产量、高利润为目的，耕作强度不断增加；单一种植、高强度灌溉现象的增加，农药、化肥和除草剂的推广使用，高产品种的扩大引种——人类过度干扰和对土地的过度索取，导致了农田生态系统退化，形成大量的弃耕地。近年来，全球平均每年有约 $5 \times 10^6 \ hm^2$ 的土地由于极度破坏、侵蚀、盐渍化、污染等原因，已经不能再生产粮食。弃耕地的恢复成为摆在世人面前一个重要的课题。

农业弃耕地的生态恢复有赖于土壤、作物、市场、经济条件和农民经验等因素的共同作用。由于弃耕地的组分多而复杂，而且组分间的相互作用也很复杂，这导致其恢复显得非常困难。总的来说，弃耕地恢复的程序包括：研究当地使用历史、适合于当地的乡土作物以及种植习惯、人类活动对农业生态系统的影响、健康农田土地特征和退化农田土地特征，特别是研究农业生态系统的组分的关系，分析退化原因；在小范围内进行针对退化症状的样方试验，研究农田生态系统恢复机理，控制污染并合理用水，进行土壤改良和作物品种更新换代，选用高产、高质的优良品种；成功后在大范围内推行，并及时进行恢复后的评估及改进。

弃耕地的恢复措施大致包括：模仿自然生态系统，降低化肥输入，混种，间作，增加固氮作物品种，深耕，施用农家肥，种植绿肥，改良土壤质地，建立合理的轮作制度与休耕制度，利用生物防治病虫害，建立农田防护林系统，利用廊道、梯田等控制水土流失，秸秆还田，农、林、牧相结合。此外。在恢复干旱及贫瘠农田时可采用渗透技术。

五、废弃地的生态恢复

废弃地，就是弃置不用的土地。这个概念囊括了很广泛的范围，从广义上说废弃地包括了在工业、农业、城市建设等不同类型的土地利用形式中，产生的种种没有进行利用的土地。这里讨论的废弃地专指在城市发展、工业建设中因为人类使用不当或者规划变动产生的荒弃的没有加以利用的土地，包括矿区废弃地、工业废弃地和垃圾堆放场等。

（一）矿区废弃地

植物在矿地上的自然定居过程极其缓慢，为了加速矿地的生态恢复，有必要根据矿地的具体条件，利用一定的技术措施开展人工恢复工作。

1.基质改良措施

土壤是生态系统的基质与生物多样性的载体。因此，恢复过程中首先要解决的问题是如何将废渣或心土所形成的恶劣基质转变成能够生长植物的土壤。迄今为止，有关基质改良措施包括用表土覆盖，施用石灰、垃圾、化肥、有机肥等。还有一些其他基质改良措施。例如，矿地恢复初期，施肥能显著提高植被覆盖率，特别是瘠薄表土覆盖的矿地，提高的幅度更大。但是，化肥的效果只是短期的，停止施肥后，覆盖率、物种数和生物量都有可能下降。

2.植物种类选择

尾矿植被恢复的成功很大程度上依赖于基质的改良和定居物种的正确选择。任何生态恢复都不只是解决土壤问题就能成功的，它必须恢复整个生态系统这一复合体系。选择合适的植物种类在矿地上定居是成功恢复的另一重要举措。

植物主要选择有耐性和强修复功能的种类，选择定居的植物可以根据以下几方面来考虑：生命力强、耐性强、生长速度快、适应性强。

物种的选择应强调对土壤的适应性和对土壤的良性改造。适应性主要是指对土壤基质的适应性；对土壤的良性改造是指改造土壤的物理结构和增强土壤肥力，以提高基质的土壤化程度，增加基质的营养成分。在实践中，结合具体的尾矿类型和当地生态因子，选择合适的植物，可以加速尾矿废弃地的植被恢复。

3.超富集植物的利用

超富集植物能够吸收高出环境污染量几倍的植物。在尾矿废弃地的植被恢复中，超富集植物的利用是普遍关注的方法。但迄今为止，超富集植物对金属污染地区的污染治理还没有取得很好的效果。

4.矿山废水的生态处理

矿山废水几乎都呈强酸性，pH 值大多为 2～4，又称酸性矿水。矿山废水的排放一直是备受关注的主要环境问题之一，矿山废水因其酸度高，排放量大，固体悬浮物、重金属等严重超标，处理难度很大。随着人们对高等植物，特别是高等水生植物废水处理效能的认识，人工湿地迅速发展成为一种新兴的污水处理系统。人工湿地是一种廉价、有效的生态效益较明显的污水处理系统，一些发达国家已经开始用它部分替代传统的污水处理方法，并展现出很好的前景。

5.植被的恢复

矿地生态恢复首先要考虑的是恢复地带性植被，即将矿地恢复到开矿前原有景观或与周围景观一致或协调的状态。在理论上，原有景观是"最适景观"与"最美景观"，而且生态系统建立起来后能自我维持，长期稳定，无须再增加管理投入。但要基本恢复到原有状态，特别是生物多样性要达到原有水平是相当困难的，而且需要经过相当长的时间。

6.废弃矿区复垦

土地复垦的主要目的是恢复破坏前的状态或近似于破坏前的状态；而重建指根据破坏前制定的规划，将破坏土地恢复到稳定的和长久的用途，这种用途和破坏前一样，也可以在更高的程度上用于农业，或改作娱乐休闲地、野生动物栖息地等。

废弃矿区通常采用工程复垦方式进行恢复。可以采用充填复垦类型模式和非充填复垦类型模式来进行煤矿塌陷地的复垦。

（1）充填复垦类型模式。充填复垦类型模式是指以矿区固体废渣为充填物进行充填复垦，包括以下两种模式：

①开膛式充填整平复垦类型模式。用于塌陷稍深、地表无积水、塌陷范围不大的地块，充填前首先将凹陷部分 0.5 m 厚的熟土剥离堆积，然后以煤矸石充填凹陷处至离原地面 0.5 m 处，再回填剥离堆积的熟土。

②煤矸石、粉煤灰直接充填。用于塌陷深度大、范围较小、无水源条件但交通便利的地块。向塌陷区直接排矸或矸石山拉矸充填，把煤矸石、粉煤灰直接填于塌陷区，从而提高复垦效率，避免矸石山对土地的占用，这种复垦若其利用目的是耕种，则需再填 0.5 m 厚的客土。

（2）非充填复垦类型模式。非充填复垦类型模式即根据土地塌陷情况采用相应的土地平整等措施。根据不同的塌陷程度，非充填复垦类型常采用以下三种模式：

①就地平整复垦类型模式。用于塌陷深度浅、地表起伏不大、面积较大的地块，受损特征为高低起伏不大的缓丘，若塌陷地属土质肥沃的高产、中产田，则先剥离表土，平整后回填，若是土质差、肥力低的低产田，则直接整平，整平后可挖水塘，蓄水以备农用。

②梯田式整平复垦类型模式。适用于塌陷较深、范围较大的田块，外貌为起伏较大的塌陷丘陵，根据陷后起伏高低情况，就势修筑梯田，形成梯田式景观。

③挖低垫高复垦类型模式。适用于塌陷深度大、地下水已出露或周围土地排水汇集、造成永久性积水的地块，此时，原有的陆地生态系统已转化为水域生态系统，复垦时将低洼处就地下挖形成水塘，挖出的土方垫于塌陷部分高处，形成水、田相间景观。水域部分发展水产养殖，高处则发展农、林、果业。

这类复垦土地一般以农业利用为主，因此，除保证其作为农业用地所需的附属设施外，还需通过秸秆还田、增施有机质、埋压绿肥、豆科作物改良等配套措施，提高土地肥力。

（二）工业废弃地

根据城市工业废弃地的生态系统的退化程度，生态恢复也有两种不同的模式：一种是生态系统的损害没有超负荷，并且在一定的条件下可逆。对于这种生态系统，只要消除外界的压力和干扰，自然就可以使用本身的恢复能力达到对废弃地的生态恢复，对于这种生态系统，可以采取保留自然地的方法使其进行自然恢复。另一种是生态系统受到的损伤已经超过了系统的负荷，或者有害因素造成的生态系统损害是不可逆的。对于这种生态系统，需要人工加以干预才能使退化生态系统恢复。不过根据生态系统恢复目的的不同，也可以有所选择地使用恢复的方法。

一般来说，对城市工业废弃地进行生态恢复往往需要深入理解生态学的思想，在消除废弃地环境有害因素的前提下，对建设废弃地进行最小的干预。在废弃地的生态恢复中要尽量尊重场地的景观特征和城市中生态发展的过程，尤其是该场地对于城市的历史意义，并尽可能地循环利用场地上的物质和能量。

（三）垃圾堆放场

目前在垃圾处置场地废弃地的生态恢复实践中，基本上都是先对原有的废弃地进行表土的更换和覆盖，然后采用植物恢复技术对原有的废弃地进行生态恢复。

由于生长在垃圾填埋场上的植物要面临填埋气体、垃圾渗滤液和最终覆土层的高温、干旱和贫瘠等诸多严峻的环境压力，很多研究者都强调了筛选耐性物种的重要性。选择植物的基本原则是其能够忍耐填埋气体和垃圾渗滤液的影响，并对干旱具有比较强的耐性。开展野外生态调查是获取耐性物种的重要途径。

六、荒漠化的生态恢复

国内外实践证明，以生物治沙措施为主是固定流沙、阻截流沙和防治土地沙漠化的基本措施，包括建立人工植被或恢复天然植被以固定流沙；营造大型防沙阻沙林带，以阻截流沙对绿洲、交通沿线、城镇居民及其他经济设施的侵袭；营造防护林网，以控制耕地风蚀和牧场退化；保护封育天然植被，以防止固定、半固定沙丘和沙质草原的沙漠化危害。我国西北绿洲地区大力发展营造防风林、阻沙林的重要措施，并且取得了卓越的成效。随着生物治沙而发展起来的机械沙障（人工沙障）和化学固沙制剂，则为稳定沙面、在沙丘和风蚀地上建立人工植被或天然植被创造了稳定的生态环境。

七、海岸带生态系统的恢复

人类的不合理开发降低了海岸带生态系统的自我恢复能力，并使海岸带生态环境退化。主要的表现为赤潮危害、红树林破坏、渔业资源减少、海水养殖过度、化肥农药污染、工业和生活污染、海岸工程建设、围海造田和海水入侵、固体垃圾污染等。

为了减少海岸带资源破坏和避免生态进一步恶化，利用人工措施对已受到破坏和退化的海岸带进行生态恢复是改善海岸带现状的重要途径之一。海岸带生态恢复的总体目标是：采用适当的生物、生态及工程技术，逐步恢复退化海岸带生态系统的结构和功能，最终达到海岸带生态系统的自我持续状态。一般来说，海岸带生态恢复包括以下措施。

（1）人工河流水系的重新设计。主要做法是：重新设计河口水系，拆除海岸线和入海河流上的一些障碍物，重新恢复泥沙自然沉积和自然的水力平衡，从而起到控制海水入侵、防止海岸沉陷、保护海岸带湿地的目的。

（2）人工鱼礁生物恢复和护滩技术。主要做法是：将结构物用石块加重沉到水底来为鱼类提供栖息和觅食地；建造新型人工鱼礁来保护水生动物，以提高海岸带的生物量；应用其他技术形成类似天然珊瑚礁的生长过程，在鱼礁不断增长的同时促进周围生物量的增加，达到海岸带生物种群恢复和海岸带保护的目的。

（3）海岸带湿地的生物恢复技术。利用人工方法恢复和重建湿地是海岸带生态恢复的重要措施，主要做法有：在浅海区域修建坡状湿地，不同的水深处种植不同的湿地植被；修建梯状湿地可以减弱海浪冲击，促使泥沙沉积，保护海滩，同时也可以为海洋生物提供栖息地。

八、淡水生态系统的恢复

（一）湖泊和水库的生态恢复

湖泊和水库的退化是因为其在自然演替过程中受到自然干扰和人类干扰，结构和功能发生改变使得环境质量下降，其退化主要是由于点源污染和非点源污染引起的。退化湖泊和水库水生生态系统的恢复可针对上述问题展开，其中最重要的，就是要控制富营养化问题。其恢复可以采取如下手段进行。

（1）切断污染源，减少营养盐的输入，这是富营养化湖泊和水库生态恢复的关键。

（2）污水深度处理，如采用沉淀剂净化水体、用活性炭吸附污染物质、用微生物降解水中的有机质等，种植各种水生植物吸附营养物质。

（3）面源截留净化，如采用暴雨存留池塘、自然湿地和内河磷的沉淀等手段。

（4）湖区生物调控技术，主要是优化养殖模式、采用生物操纵技术、开发使用新型生物净化剂等。

（二）湿地的生态恢复

湿地具有"天然蓄水库""地球之肾""生物生命的摇篮"等美誉。湿地退化的原因主要有物理、生物和化学等三方面。它们具体体现如下：围垦湿地用于农业、工业、交通；筑堤、分流等切断或改变了湿地的水分循环过程；建坝淹没湿地；过度砍伐、燃烧湿地植物；过度开发湿地内的水生生物资源；堆积废弃物；排放污染物。此外，全球气候变化还对湿地的结构与功能有潜在的影响。

由于湿地恢复的目标与策略不同，采用的关键技术也不同。根据目前国内外对各类湿地恢复项目研究的进展来看，可概括出以下几项技术：废水处理技术，包括物理处理技术、化学处理技术、氧化塘技术；点源、非点源控制技术；土地处理（包括湿地处理）技术、光化学处理技术；沉积物抽取技术；先锋物种引入技术；土壤种子库引入技术；生物技术，包括生物操纵、生物控制和生物收获等技术；种群动态调控与行为控制技术；

物种保护技术；等等。这些技术有的已经建立了一套比较完整的理论体系，有的正在发展。在许多湿地恢复的实践中，其中一些技术常常综合应用，并已取得了显著效果。

（三）河流生态恢复

农业开发、工业点源污染、水土侵蚀、河岸放牧、伐木采矿、过度捕鱼以及生活废水的排放等，均可导致河流水量减少和水质下降、水中溶解氧减少、营养物质增加、水生生物减少、水体温度升高等后果，从而引起河流生态系统的退化。

相较于湖泊和水库的恢复来说，退化河流生态系统的恢复要容易得多。对于小的河流，只要切断污染源，常年保持水流状态，河流即可自然恢复；大的河流恢复起来要复杂得多。退化河流的恢复可以采取以下措施。

（1）严格控制污染源的排放，从源头上切断污染物的输入。

（2）清理泥沙和污染物，避免泥沙和污染物的沉积，恢复河流的正常运行。

（3）充分利用河滨或河岸水分和营养，恢复河岸带植被，建立河岸绿化带，吸引各种动物前来栖息。

（4）合理捕捞，严禁过量捕捞，制定休渔制度并严格执行。

参 考 文 献

[1] 郭春梅. 环境工程概论[M]. 青岛：中国石油大学出版社，2018.

[2] 胡荣桂，刘康. 环境生态学[M]. 武汉：华中科技大学出版社，2018.

[3] 胡筱敏. 环境学概论[M]. 武汉：华中科技大学出版社，2010.

[4] 贾卫列，刘宗超. 生态文明[M]. 厦门：厦门大学出版社，2020.

[5] 李洪远. 环境生态学[M]. 北京：化学工业出版社，2012.

[6] 李士青，张祥永，于鲸. 生态视角下景观规划设计研究[M]. 青岛：中国海洋大学
出版社，2018.

[7] 李元. 环境生态学导论[M]. 北京：科学出版社，2009.

[8] 刘冬梅，高大文. 生态修复理论与技术[M]. 哈尔滨：哈尔滨工业大学出版社，2020.

[9] 鲁群岷，邹小南，薛秀园. 环境保护概论[M]. 延吉：延边大学出版社，2019.

[10] 罗文泊，盛连喜. 生态监测与评价[M]. 北京：化学工业出版社，2011.

[11] 钦佩，安树青，颜京松. 生态工程学[M]. 南京：南京大学出版社，2019.

[12] 盛连喜，许嘉巍，刘惠清. 实用生态工程学[M]. 北京：高等教育出版社，2005.

[13] 舒展. 环境生态学[M]. 哈尔滨：东北林业大学出版社，2017.

[14] 宋海宏，宛立，秦鑫. 城市生态与环境保护[M]. 哈尔滨：东北林业大学出版社，
2018.

[15] 王丹. "五位一体"生态文明建设研究[M]. 大连：大连海事大学出版社，2019.

[16] 王江萍. 城市景观规划设计[M]. 武汉：武汉大学出版社，2020.

[17] 王丽萍. 中国特色社会主义生态文明建设理论与实践研究[M]. 北京：九州出版
社，2018.